稲の日本史

佐藤洋一郎

角川文庫
20854

稲の日本史　目次

第三章　水稲と水田稲作はどう広まったか　161

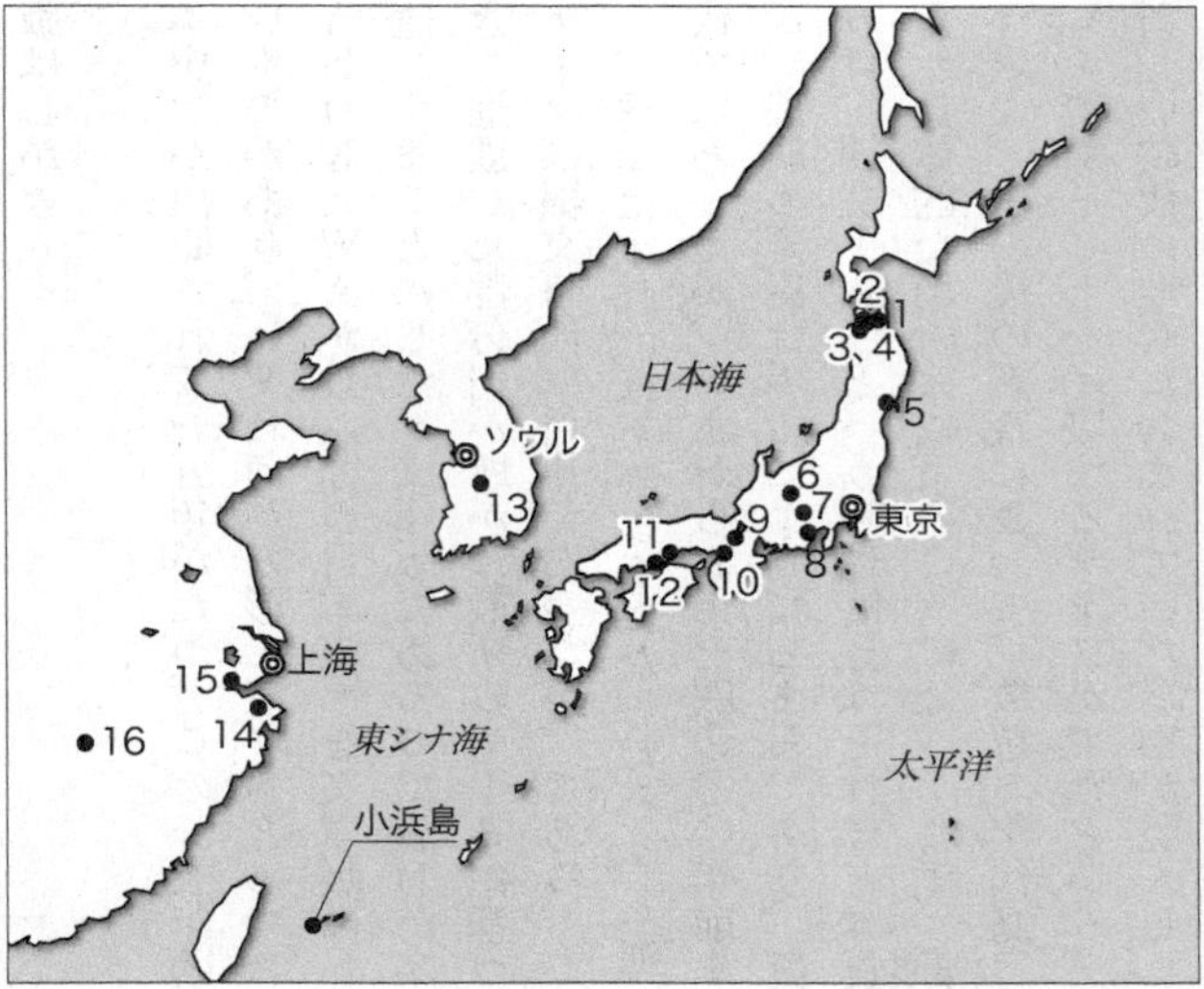

本書でとり上げる主な遺跡

1：風張遺跡、2：三内丸山遺跡、3：高樋III遺跡、4：垂柳遺跡、5：桝形囲貝塚、6：川田条理遺跡、7：曲金北遺跡、8：登呂遺跡、9：下之郷遺跡、10：池島・万福寺遺跡、11：朝寝鼻貝塚、12：南溝手遺跡、13：ソロリ遺跡、14：河姆渡遺跡、15：羅家角遺跡、16：仙人洞遺跡

文庫版はしがき

『稲の日本史』が出版されて一五年がたつ。この一五年間の稲作史の研究の進展にはめざましいものがあり、いずれ何かの形で取りまとめておきたいと思っていたが、幸いにもKADOKAWAから『稲の日本史』を文庫版にしたいとのご提案を頂いたので少し手直しすることにした。文庫版であるのでおおがかりな改訂はしなかったが、研究が大きく進展した部分何か所かは最新のデータに基づいて書き改めた。

本書のテーマは縄文時代に稲作があったか、である。この一五年間の研究がさし示したことは、言葉にすれば以下のようになるだろう。「縄文時代は基本的には狩猟と採集の時代ではあったが、いまからおよそ四〇〇〇年前までには農耕が始まりかけていた。だが、農耕の要素は場所によりまちまちであり、農耕の開始と展開に軸足を置いて考えれば、縄文—弥生という時代区分はそれほど本質的ではない」。

書き換えた具体的な場所は以下のようになる。まず、青森《あおもり》県風張《かざはり》遺跡から出土した炭化米について。その後の調査によって、数粒の年代測定を行ったところ極めて新しい時代のものであることを示唆するデータがでたという。考古遺跡から出土する遺物の中には新しい時代の地層に含まれていた遺物が混入したものもあり、じじつ発表後新しい時代の遺物の混入が疑われるケースが少なくない。とくにプラントオパールや花粉のように、目には見えない小さな遺物の場合にはその危険性はおおきくなる。細心の注意はもちろん必要であるが、かといって過度の警戒は新たな発見の機会を妨げることにもなりかねない。その点は注意を要する。

次に、出土した遺物のDNA分析の結果について。この分野もデータの蓄積が進むとともに、分析技術が大きく進歩した。とくに、二つのジャポニカである温帯型と熱帯型を区別するDNAマーカが増えたことで精度があがっている。62頁の写真は、新たなデータを加えた写真に改訂したものである。

最後に、日本列島に渡来したイネがその後列島をどう進んだかという「水田稲作」の展開についても新たな知見が得られている。とくに、国立歴史民俗博物館が組織的に進めた年代測定の精緻化によりあきらかとなったデータを、134頁の図に書き加えた。

ところで、「稲の日本史」の研究は今後どこへ向かうだろうか。現在、日本の学術は確実にその力を落としている。二〇一七年八月九日の「毎日新聞」は、一九九三〜九五年、二〇〇三〜〇五年に、世界第二位であった自然科学の学術論文数は、二〇一三〜一五年には、中国、ドイツに抜かれて世界四位になったと報じた。自然科学分野だけの、しかも論文の数という一つの物差しの値だけで学術全体をどうこう考えることと自体が問題といえば問題だが、わたしは、日本の学術の力が低下傾向にあることは間違いないと感じている。とくに、「稲の日本史」といった、どちらかといえば地味で、研究の成果がただちに産業や暮らしの向上に結びつきそうもないテーマについては、次世代の研究者を確保することさえむずかしい。

学術の世界における日本の力の低下の理由は、ひとことで説明できるほど簡単ではない。しかし、明治以後の大学における「講座制」の弊害という反省から人事の流動化が進んだのはよいとしても、若手研究者の多くが任期つきの任用となり落ち着いて研究に没頭できる環境が失われたことが、挑戦的な、あるいは分野を超えた研究ができなくなってきている大きな原因となっている。議論のあるところではあろうが、研究者の研究に対する姿勢には情熱が必要である。給料が多少安くても、調べや実験が立て込んで帰宅が連日夜中になろうとも、好きな研究ができることに満足を感じる——そのような研究者が研究を支えていた面は否定できない。そうしたいわば損得を度外視した動機づけが研究を推進する原動力の一端なのである。任期のついた職では、しかし、そうした情熱に基づく研究はなかなかできない。任期つきの職の多くは年限が三～五年ほどであり、しかも研究はチームプレーで自分個人の興味、関心のままに仕事する時間や場所はなかなか保証されない。研究費の多くは研究の目的が限定されていて、申請外の研究に研究費を使うことは「目的外使用」という違反行為とみなされる。

むろん、こうしたチームプレーが悪いというわけではない。特に、専門を異にする複数の研究者が協力し合って一つのテーマにあたる共同研究は、激動の現代にあって学問の社会的使命の一つとも考えられる。問題は、現在個人研究の可能性が必要以上に狭められているところにある。研究がいかに組織化、チームプレー化しようと、発想を生み出す「最初の一撃」はやはり個人の脳の中で生み出されるものだからである。

序章

田が荒れている

収穫間近な田んぼの真ん中に、ヒエが一本ぴんと立っている。注意してみると、今、全国あちこちの田でこうした光景がみられる。ヒエばかりではない。いろいろな雑草が目立つようになってきた。こうなると人間は勝手なもので、「農の心が荒れている」などという。たしかに水田に入り込んでくる雑草は、コメを作る側からすればひとえに邪魔な存在であるが、生態系にとってはその侵入は、コマを一つ前に進めようという遷移《せんい》の所作であるに過ぎない。そして雑草をとるというヒトの行為は、遷移にそむいて攪乱《かくらん》を加えようというこざかしい行為のひとつに他ならない。

森でも最近、「山が荒れている」と言われるようになった。スギやヒノキの美林だったところに下草が生い茂り、立ち枯れしたままの幼木も目立つようになった。幼木の枯れた後に「雑木」がはびこり、見るも無残な姿をさらけ出している。森の下草（そういう種類の草があるわけではない）が繁茂するのも「雑木」が増えるのも、遷移のコマがひとつ前に進んだだけのことである。

田や森の「荒廃」はそこで働く人の心の荒廃を意味しているわけではない。それに、森や田が駄目になっていっているわけでもない。

しかしそうは言っても、イネは日本人にとって特別な植物である。種子である

「米」から茎、葉に至るまでが余すところなく使われ、生活や社会の中に溶け込んでいる。また水田稲作のあり方は、その技術のみならず社会のしくみやそこに暮らす人々の行動、思想にまで強い影響を与え続けてきた。あるいは、そうであるがために、時代の支配者たちは「米作りのこころ」を浸透させることで自分たちの支配を確固たるものにしようとした。生態系の遷移という大自然の力に一致団結して立ち向かうことで、水田稲作社会とその秩序は保たれてきた。はじめに書いた田や森に起きつつある変化はその社会の箍《たが》の緩みを示すものであると考える人が多いことも事実である。

誤りだった従来の『稲の日本史』

稲作のこころは、二〇〇〇年のながきにわたってそこに住む人々の社会や思想に深く浸透してきた、と私たちは考えてきた。だが、幸か不幸か、右に書いたことがらはどうやらたぶんに虚構を含んでいる。最近稲の歴史をめぐっていくつか大きな発見があった。それらをつないでゆくと、これまでに私たちが学校などで習った歴史が相当に間違っているとの結論が出てくる。本書で私がまず訴えたいのは、日本のイネと稲作の歴史にはおおきな誤りがあった、ということである。そしてその誤りは二つの点に及んでいる。

まず、イネと稲作、それにこれらにまつわる文化は一枚岩なのではなく、幾重かの構造をなす。これは佐々木高明《こうめい》さんの「日本文化の多重構造」に呼応するもので、イネも稲作もまた、多重的な構造をもっている。幾重もの構造の中で主たる構造をなすのが、縄文時代に渡来したと思われる熱帯ジャポニカと焼畑の稲作（これを本書では縄文の要素と呼ぶ）と、弥生《やよい》時代ころに渡来した温帯ジャポニカと水田稲作（同じく弥生の要素）の二つである。この二者は、ヒトの集団について言うならば人類学者埴《はに》原和郎《はらかずろう》さんの提唱される日本人の「二重構造」にいわれる「渡来人」と「在来の縄文人」とに対応するのであろう。

次に縄文の要素は、二千数百年まえにやってきた後発の弥生の要素にとって代わられ、姿を消したものと考えられてきた。だが弥生時代以降のイネと稲作をつぶさにみてゆくと、縄文の要素はその後もしぶとく生き残っていたようである。米が主食となり、平地が見渡す限りの水田となり、現代日本人の精神構造が表に出てくるのは、ひょっとすると近世以降のことなのかもしれないのである。網野《あみの》善彦《よしひこ》さんらがしきりにうったえるように、「米」は、中世までは人びとの暮らしの中で、今の私たちが考えるほどには大きな位置を占めていなかった。

近代にはいり、国が考えたイネと稲作はもちろん弥生の要素が前面に押し出されたものであった。弥生の要素が、富国強兵、集約を旨とするものだからである。それは確かに日本の国力をここまでにし、生活を豊かにさせた。イネについてみても、収量はこの一五〇年間に三倍弱にまで増加した。現代に住む日本人の圧倒的多くはそれを享受しているわけで、そのこと自身は肯定的に捉《とら》えようと思う。だがこの急速な右上がりは、もう一面で、さまざまな負の要素をもたらした。現在のイネや稲作に対して、どこか行き詰まり感を感じるのは私だけであろうか。冒頭に書いたような、崩壊の危機に瀕《ひん》しているのは、二つの要素のうち後者（弥生の要素）のほうである。

新・稲の日本史

かつて私は、熱帯ジャポニカ（縄文の要素のイネ）と温帯ジャポニカ（弥生の要素のイネ）の交配によってそれまでにはなかった早生の系統ができ、そのことが日本列島に稲作を急速に広める原動力になったと書いた。このようにイネも、文化と同じく、雑種化（ハイブリダイゼーション）は沈滞を打ち破る原動力になり得る。そうだとするなら、ここでもう一度縄文の要素を掘り起こし、それを積極的に取り入れてゆくことが肝要であろうと思う。それは二一世紀のルネサンスになるであろうと、私は期待している。

『稲の日本史』という名の本が、もう一つある。それは柳田國男さんらが一九五〇年代から六〇年代にかけて開いた「稲作史研究会」のまとめとしてシリーズで出されたものである。研究会に参加された当時一流の研究者たちの研究の集大成の向こうをはって同名の書を出すことにためらいがないわけではない。だが、かつての『稲の日本史』はおおきな誤りを含んでいることもまた事実である。本書をあえて『稲の日本史』とした理由の一つはここにある。

むろんこれで稲の日本史のすべてが明らかになったなどというつもりはない。今後新たに見つかる事実はいっぱいあるはずだし、その中には私の『稲の日本史』を書き改めさせる事実も含まれているだろう。しかし「今後」をいい始めると本など書けなくなってしまう。

第一章　イネはいつから日本列島にあったか

先人の足跡を追う

山内博士の発見

一九一八年（大正七年）、考古学者山内清男《やまのうちすがお》博士は宮城県多賀城市（現在）の桝形《ますがた》囲《かこい》貝塚から出土した土器のかけらに、イネの籾《もみ》を思わせる痕《あと》がついているのを発見した。そのかけらはあきらかに丸い土器の底面の部分で、直径は八センチメートルほどであった。籾は全部で四つあり、カシワらしい葉とともにレプリカのように鮮やかにその形をとどめていた。葉は、焼く前の土器がまだ乾燥中に地面や台にくっつくのを防ぐために下に敷いたものと思われた。たぶんその葉の上に幾粒かの籾がたまたま落ちていて、それらも併せてレプリカになったのだろう——そんな状況であった。問題は土器の時代であるが、博士によると桝形囲貝塚は「石器時代中寧《むし》ろ末期に近きもの」（「人類学雑誌」第四〇巻、181-184頁、一九二四年）、つまり縄文時代の終わりころの貝塚であるという。

山内博士はこの発見について、「……我石器時代人の中には稲を培養し、農耕を行いたるものありしを証明して余りあるといわねばならぬ。但し彼等が如何《いか》に古くより稲を有したるや今尚《なお》不明であるが彼等の生活が世人の想像するが如く野蛮、原始的でなかったことは種々の方面より推測するに足」る（前述誌）、と記しておられる。卓見というべきであろう。

ところが博士はその後、「縄紋式の時代には農業はなかった。そして弥生《やよい》式の時代に至って始めて、農作物の伝来があった」（「日本における農業の起原」、歴史公論第六巻、一九三七年）と主張している。素直に考えると一三年ほどの間に博士の考えは縄文時代の稲作を肯定する姿勢から否定する姿勢へと転じられたようにみえる。

その後も、縄文時代に農耕があったとするいわゆる縄文農耕論は出ては消え消えては現れた。しかし縄文時代の稲作については、否定的な見解が大勢を得ていたことに変わりはなかった。そしてそれはおそらく少なくとも一九八〇年代までは日本史の常識であった。常識というよりは一種のパラダイムであったとさえいってよい。縄文稲作があったなどという主張は、この歴史のパラダイムにまっこうから反するものとして闇から闇へと葬り去られた。

風張遺跡の炭化米

一九八九年、青森県八戸市にある風張《かざはり》遺跡の住居あとのひとつから、七粒の米粒が発見された。遺跡全体の様子、さらにその住居の様子から同遺跡が縄文時代の後期から晩期にかけての遺跡であることに間違いはなかった。発掘担当者ははたと困ってしまった。縄文時代の遺跡からイネが出てきたなどといえば大変な騒ぎになる。しかも東北地方の最北部に位置する場所である。考えあぐねた末、発掘担当者はそれを当時北海道大学埋蔵文化財調査室におられた吉崎昌一《まさかず》さんのところにもち込んだ。

ことの大きさを直感した吉崎さんはサンプルをカナダ・トロント大学に送りその年代を決定するようにアドバイスされた。担当者は七粒のうちから二粒をトロントに送る。ほどなくトロントから測定の結果が返ってきた。なんと、それら二粒の米粒の年代はいずれも約二八〇〇年ほど前のものという数字が出たのである。二八〇〇年前といえば縄文時代の後期から晩期にかけての時期にあたる。縄文時代の日本列島にイネがあったことを指し示す初めての発見であった。それも、見つかったのが西日本ならともかく、本州の北限近くである。

この衝撃はまたたくまに日本列島を駆け巡った。研究者たちはびっくり仰天した。毎日新聞の記者の方からの電話で一報を受けた私は、その場でコメントを求められ、何やら気のきかないコメントを出したことだけを覚えている。しかしびっくりしたのは私だけではなかったようで、翌日の「毎日新聞」は佐々木高明《こうめい》さん、佐原真《まこと》さん、そして私のコメントを掲げた。三人が三様のコメントを出したようで、記者は、「研究者も驚き」という見出しをつけた。それほどに風張遺跡の炭化米は大きな衝撃を与えたのである。

しかし最初の衝撃が大きかったわりには、「風張遺跡の米」は考古学の世界ではなかなか浸透しなかった。少し懐疑的に考えれば、出てきたのは米粒だけであって、稲作のための農具であるとかイネを作った田の畔《あぜ》など生産のためのしかけが出てきたわけではない。イネを受け入れたときに同時に入ってきたであろう文化的な要素が認められたのでもない。最初のショックから立ち直った考古学者たちは、稲作の匂いが感じられないことを敏感に嗅《か》ぎ取ったのである。

今では、風張遺跡の米は、貢物か何かとしてはるか遠方の地から運んできたものだろうということになっている。米粒は種子として運ばれたのではなく、ひすいや玉《ぎょく》といった宝物などとともにもち込まれたのかもしれない。あるいは種子としてもち込まれたとしても、農耕や農耕の文化を支える基幹作物のそれとしてではなく、とてつもなくめずらしい植物のそれとしてもち込まれたのかもしれない。

みつからない縄文水田

風張遺跡の炭化米の事例からもわかるように、縄文稲作に否定的な見方が根深い理由のひとつは、縄文時代の遺跡から水田がみつかっていないことにある。もう少し具体的にいうと、田の畔や灌漑《かんがい》の水路、あるいは範囲を広げて、田で使ったであろう道具などが、縄文時代の遺跡からはまったくみつかっていないからである。

縄文時代でも晩期の後半（二七〇〇年ほど前）になると九州の一部などには水田が登場する。だから正確には「晩期の中ごろ以前の縄文時代には水田がない」、というべきではある。縄文時代の最晩期の扱いを巡ってはさまざまな意見があるようで、中には水田の登場をもって弥生時代の始まりとすればよい、という極端な意見もあるようである。いずれにせよ、縄文時代には、晩期の後半という弥生時代に極めて近接した時期を除けば水田はなかったことはたしかである。以後本書における「縄文稲作」についても、もっぱら晩期中ごろ以前の縄文時代を指して使っているものとご理解いただきたい。

さて、現在の日本列島に住んでいると、稲作は水田稲作とほぼ同じ意味に取られる。それはちょうど、東京に生まれ住んだ人の「醬油《しょうゆ》」が関西人の「濃口《こいくち》醬油」だけを指すのとよく似ている。関西人にとって「醬油」は濃口と薄口の両者を示す集合名詞であって（あるいはこれに刺身専用の「溜《た》まり」を加えた三者にすることもある）、「醬油というもの」は存在しない。全アジア的にみれば稲作と水田稲作もこれと同じような関係にあって、「水田稲作」は「稲作」の一部に過ぎない。現代の北海道南西部から九州までの日本列島に住む私たちにとっては、東京人の濃口と同じく、水田稲作だけがこの世に存在する稲作のすべてであるかのようにみえる。だから、水田がなかった縄文時代にはイネもなかったのだと、まったく無意識のうちにそう考えてしまう。考えるというより、イネがなかったことがさも証明済みのことであるかのように思いこんでしまうのである。

しかし実のところはどうか。薄口醬油の存在がそうであるように、水田稲作とはまた違った稲作のスタイルが、アジアには至るところにみられる。もっと正確ないい方をすると、私たちが毎日みているような水田稲作のスタイルは、アジアの中では極めて例外的なスタイルである。水田稲作ともうひとつの稲作は、両者が並列の関係にあるのではない。

水田稲作の議論をするたびに、私は中世から近世にかけての天文学界における宇宙論の進化を思い出す。最初宇宙の中心にあるのは地球であった。コペルニクスやガリレイがその誤りに気づき、太陽が中心にくる地動説が登場した。やがて銀河系の存在が知られるようになり、太陽系もその一員に過ぎないことが明らかになった。しかしそれでもハーシェルたち次世代の天文学者が描き出した銀河の中心には太陽系が据えられていた。宇宙に中心はないという、文字通りユニバーサルな宇宙論が登場したのはやっと二〇世紀になってから。ついこの間のことなのである。

宇宙論ほどダイナミックではないが、私たちの稲作論もユニバーサルな議論を展開しなければならないと思う。縄文稲作の追求は、「稲作＝水田稲作」という図式から抜け出て、もっと広い視野からイネと稲作をみるところから始まった。

縄文稲作を追い求めて

プラントオパール分析の手柄

私がこのような空想を弄《もてあそ》んでいるころ、縄文稲作の存在を証拠で示そうという着実な努力を積む人びとがいた。宮崎大学の藤原宏志さんらのグループや岡山県でながく発掘に携わってこられたノートルダム清心女子大学の高橋護《まもる》さんらのグループである。

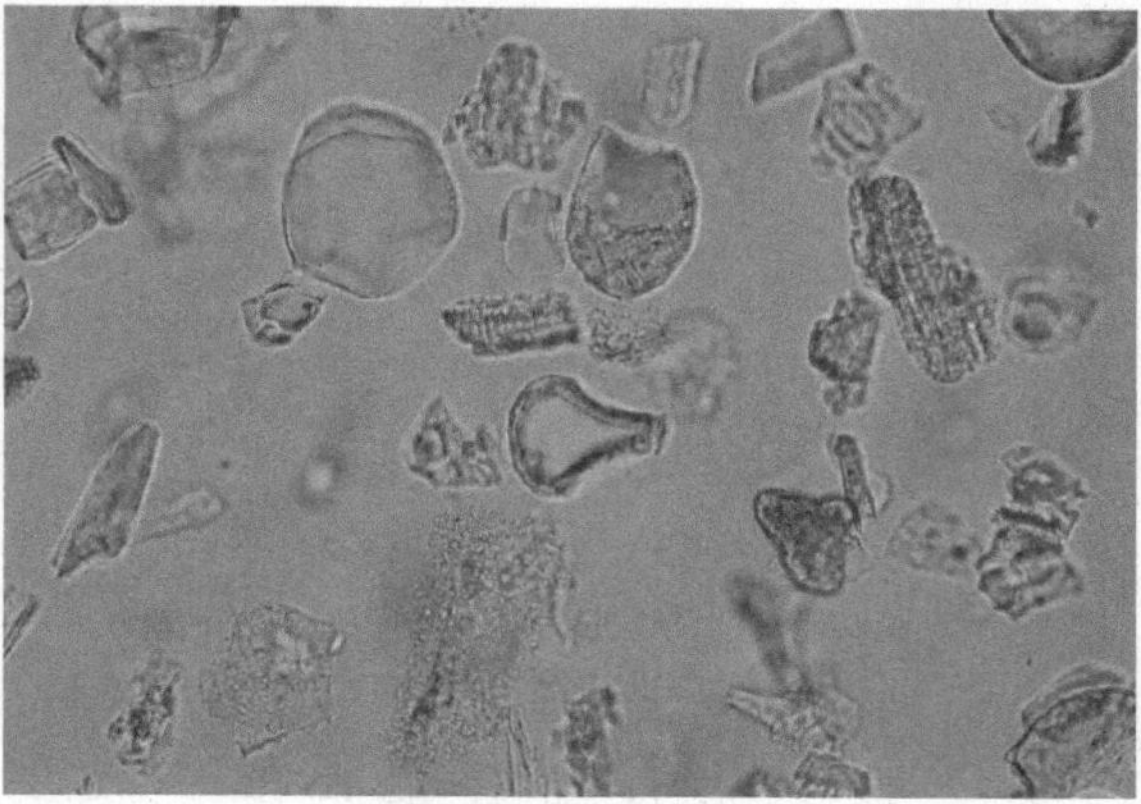

珪酸体の顕微鏡写真（宇田津徹朗氏提供）

プラントオパールとは、イネの葉のある種の細胞に溜まったガラス成分（珪酸《けいさん》体という）が地中から掘り出されたものをいう。イネは他のイネ科植物がそうであるように水とともに土中の珪酸を吸収する。このうち水のほうは葉を通ってどんどん蒸発してしまうが、水とともに吸収された珪酸は蒸発せずイネの体内に残る。水と違って蒸発することのない珪酸はイネの細胞のどこかに蓄えられなければしかたがない。イネが珪酸の備蓄に選んだのは、葉では機動細胞と呼ばれる一連の細胞群。葉脈の谷の部分にそって縦に並ぶ細胞群である。葉脈に平行に機動細胞が配置され、そこに珪酸が溜まることで、

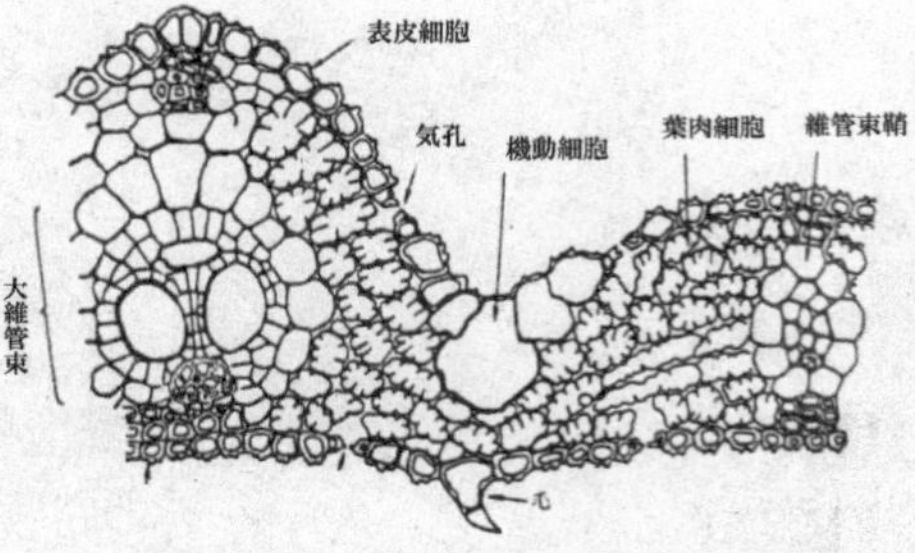

葉の断面図（『解剖図解　稲の生長』星川清親著、農山漁村文化協会、1981年より著者改写）

あの細長いイネの葉も比較的しゃんとした形を保てることとなったのである。

イネは日本で栽培される品種では一本の茎あたり最大で一四、五枚の葉をつける。しかし一時期に青々としている葉はせいぜい四、五枚である。葉は下から順次枯れてゆき、枯れた葉は田に落ち、有機物は分解されてその一部はまた吸収されるが、珪酸体はガラス質であるのでそのまま土の中に残留する。イネを植え続けると、こうした珪酸体が土壌中にどんどん蓄積されてゆくことになる。プラントオパールとは、こうして土中に溜まった珪酸体が発掘されたものをいう。

プラントオパール分析がその実力を遺憾なく発揮した大発見は、私が知る限り少なくとも二回ある。そのうちの一回目は青森県・田舎館村《いなかだてむら》の垂柳《たれやなぎ》遺跡（弥生時代中期）の水田あとを検出したときである。一九八一年のことであった。ことの詳細は工楽善通《くらくよしゆき》さんがご著書『水田の考古学』（東京大学出版会、一九九一年）の中に書いておられるのでここでは割愛するが、水田の畔を思わせる構造と、田の表面と思われる部分からのプラントオパールの検出がそこを水田であるとの結論に導いたのだった。

当時、東北地方での稲作の開始は八世紀ころのことと考えられていた。その最北の地青森で、弥生時代中期、つまり紀元前後に水田の稲作があったなどと主張することはいわば狂気の沙汰《さた》であった。畔らしいものが検出されてもなお「水田を作ってヒエでも植えたのではないかといった議論まで飛び出すありさまだった」と、藤原さんがどこかで述懐しておられたのを思い出す。だがプラントオパールの検出は、そうしたわけのわからない議論を封じてしまうものであった。

一般に学問の世界はフェアな世界だと思われているが、嫉妬《しっと》と猜疑《さいぎ》心に満ちあふれた、わけのわからない議論が横行する奇妙な世界でもある。こう書くとがっかりする方もおられようが、残念ながらそれが現実である。ただひとつの救いは最後には事実がものをいう世界だということであろうか。

プラントオパール第二の功績

一九九九年四月二〇日、全国紙各紙は一斉に「日本最古の稲作の痕跡《こんせき》」の発見を報じた。実はその前日の夕刻、出張先の私の携帯電話は鳴り続けに鳴っていた。それらはみな、世紀の大ニュースの裏をとろうという新聞各紙の記者の方々からのものであった。各紙の記者たちの話を総合すると、岡山市内にある六四〇〇〇年ほど前の貝塚(朝寝《あさね》鼻《ばな》貝塚)からイネのプラントオパールが発見されたらしいということがわかった。それはたしかに世紀の発見に違いなかった。発見者は岡山理科大学の小林博昭《ひろあき》さんと先出の高橋護さんらのグループである。

記者たちの私に対する質問は一点に絞られていた。「この発見をどうみるか、ありえることと思うか、それとも何かの間違いと思うか」というものであった。こういう時のコメントは実に難しい。まず、何の警戒もないところにいきなり大ニュースが入ってくるので寝耳に水で心の準備ができていない。加えてとっさの判断を迫られるわけで、じっくりと考えて答えを出す余裕がない。しかも事前の情報を与えられていないことが多く、誰がいつどこで発見したものかさえ不明なことがある。さらに、二つの新聞社に違ったコメントを出せばそれだけで研究者としての節操を疑われてしまう。

このとき、私は肯定的な受け止め方をした。来《きた》るべきものが来た、という思いであった。それまでに知られた最古のイネ・プラントオパールはたかだか四三〇〇〇年ほど前のものである。今回の発見はそれをさらに二一〇〇〇年ほども遡《さかのぼ》ることになるわけだが、中国の沿岸には七〇〇〇年も前の稲作遺跡が発見されている。三内丸山《さんないまるやま》遺跡でのさまざまな物資の交易の状態をみていると、縄文時代の人びとの移動能力は私たちの想像をはるかに越えるものがある。そうすれば、六四〇〇年前の岡山など西日本に稲作があったとしても何も不思議ではない。私の頭の中ではそんな考えがめまぐるしく行き交っていた。

さて、縄文時代の遺跡からのプラントオパール発見の報はこれが初めてではない。この問題に詳しい皇學館大学の外山秀一《とやましゆういち》さんによると、同時代晩期後半のものを別にしても、縄文時代の遺跡におけるプラントオパールの検出例は三〇にも及ぶ。そしてそれらは、日本列島の西半分を中心に広い範囲に及んでいることがわかる。

どうも、縄文時代には、西日本を中心にかなりの広範囲にわたって稲作があったらしい。このことは縄文時代の前期以降、西日本各地で稲作が行われていたことを示すものだといってよい。むろん懐疑的ないい方をすれば、この状況が「イネの葉はあったが米はなかった」状況、たとえば野生イネが各地に生息していた、というようなことを想定することもできる。しかし植物学的な立場からみると、日本列島に野生イネがあったと考えるのは栽培イネがあったと考えるよりさらに数段難しい。というのは、遺跡の中には内陸や山ぞいの地域にあるものも多く、そこに野生イネが自生していたとは到底考えられないからである。

プラントオパール分析の落とし穴

先にあげた実績が示すように、プラントオパール分析は信頼度の高い分析方法で、その結果は水ももらさぬほどの完璧《かんぺき》さがあるように思われる。実際のところ、プラントオパール法は水田の検出などには極めて有効なことがたしかめられ、今では確固たる地位を確立している。

ただこのようなプラントオパール法にもアキレス腱《けん》がひとつある。他所《よそ》からの微量なサンプルの混入、いわゆる汚染（コンタミネーション）である。プラントオパールの大きさは細胞一個程度、目にみえないほどの大きさである。地下水の流れとともに異なる地層をまたいで移動することがあるかもしれない。あるいは後の時代の人がそこに深い穴を掘り、ワラを投げ込んだ可能性もある。プラントオパールがそのワラに由来しなかった証拠はない。

現段階では、発掘されたプラントオパールがいつの時代のものであるかを調べる決定的な方法はない。その時代は、そのプラントオパールが出てきた地層の時代をもって推定する以外ないのである。だから縄文時代の地層から出てきたプラントオパールも、一〇〇パーセントの確率で縄文時代の稲ワラに由来するものとは言えない。

だがプラントオパール分析の専門家たちもこうした批判に甘んじていたわけではなかった。先出の藤原さん（宮崎大学）が考えたのは、縄文土器の胎土の中からイネのプラントオパールを捕まえようということだった。土器の胎土とは、その土器を作るときに使った粘土のことである。

土器の胎土にイネのプラントオパールが含まれていたとするならその理由はただひとつ。土器を作った縄文人たちの暮らしの中にイネがあったからである。縄文土器のかけらを超音波洗浄機で砕き、中に入っているかもしれないわずかな数のプラントオパールを検出する作業を続けた藤原さんの作業はまさに執念そのものであったといってよい。「縄文稲作」を証明しようという執念。幸いその執念は実を結び、藤原さんは見事、岡山県南溝手《みなみみぞて》遺跡から出土した縄文土器（縄文時代後期）のかけらの中からプラントオパールを検出することに成功したのである。縄文時代にイネはあった。いや、もっと正確にいうならば、縄文土器を作った人びとの暮らしの中にイネはあった。それでも米はなかったと主張するためにはよほど説得力のある証拠が要求されるであろう。

みえてこない縄文稲作

先述の外山さんのデータなどによれば、縄文時代の日本列島には、関ヶ原あたりを境としてそこより西の地域を中心に、かなり活発に稲作が行われていたと考えるのが自然である。しかし一方で、考古学的な証拠からは縄文水田は出てこないこともまた事実である。この矛盾を解決するうまい説明はないものだろうか。

鍵《かぎ》は意外なところにあった。縄文稲作が水田以外の方法で営まれていたと考えることである。考古学者が水田というとき、多くの場合現代日本のそれと瓜二つ《うりふた》のものがイメージされていることが多い。すぐれた考古学者は、頭の中にイメージできないものは発掘できないと口々にいう。水田が発掘できるのは、畔や水路といった構造物を頭に描きながら作業するからで、畔も水路もみたことのない人には水田は発掘できないという。とするならば、そして縄文時代の稲作が今私たちがあたり前のようにみている水田とは似ても似つかないものならば、それを発掘で証明することは絶望的に困難ということになる。縄文稲作は、なかったのではなく、みえていなかっただけなのではないか。

そうだとすれば、縄文稲作を求める旅は、まずその類型を求める旅にならざるを得ない。「水田」がないのだから、水田とは違った稲作の類型を探さなければならないが、それはどこにあるか。諸般の事情から、その類型をインドシナの山地奥深くに今も残る焼畑に求めてみよう。焼畑の環境こそかつて、稲作発祥の生態的ニッチェとされた環境である。もっとも今でこそそう考える研究者はぐんと減ったが、それが縄文稲作が行われていた環境と類似の環境であると考える研究者は多い。私も諸般の事情からそのように考えている。次に焼畑の稲作やそこで栽培されるイネをゆっくりと眺めてみることにしたい。

インドシナに縄文稲作のあとを求めて

焼畑を訪れる旅

一九九八年一〇月一〇日、私は弘前《ひろさき》大学の石川隆二さん、中国江蘇《こうそ》省農業科学院の湯陵華《タンリンホア》さんと三人で雲南省西双版納《シーサンパンナ》自治区の南西端の町モンハンで国境を越え、ラオスに入国した。雲南省はかつて「秘境」の二文字を冠して「秘境雲南」とさえ呼ばれるほど遠く、また周囲と隔絶された文化を残す辺境の地であった。とくにその南西端に位置する西双版納は省都昆明《クンミン》から車で一日はかかろうという辺境の地で、秘境の中の秘境とされた。それが今では開発も進んで外来の産業がどんどん流れ込み、旅行も楽になってもはや秘境ではなくなったといわれるようになってきた。

実際私たちが大阪から広州、昆明を経由して一日の空の旅で行きついた「秘境」の中心景洪《チンホン》は、ホテルのロビーで若者同士が携帯電話で話をする、超モダンな町に変わってしまっていた。雲南が、西双版納自治区ですらもはや秘境とは呼べなくなったことを肌で感じ取ることができた。二日間の景洪滞在の後、私たちは一路モンハンに向かった。景洪からモンハンまでは二五〇キロ、車で八時間ほどの行程である。モンハンは、国境に駐留する軍隊やそこを越える旅行者などのためにできた宿場町で、街道に沿って外国人でも泊まれる簡易なホテルや屋台に毛の生えた程度のレストランが何軒か建ち並んでいた。そこで一泊し、一〇日朝通関を済ませて中国を出国しラオスの入国管理事務所についたのは中国時間の午前一〇時過ぎであった。

ラオスの空はどこまでも青かった。山々の緑が一層濃くなったように思えた。その代わり道路事情は格段に悪くなり、進行のスピードはぐんと落ちた。中国では道沿いに並んでいた電柱は、そこには一本もなかった。しかしそれは、周囲の風景を眺めたり焼畑で収穫する人びとの影を求める私たちには好都合であった。そしてついに私たちは、道路からはるかはなれた山の斜面で稲刈りをする一家をみつけることができた。彼らの畑は斜度が三〇度に達しようかという斜面にはいつくばるようにして開かれていた。まず、畑に達するまでが一苦労である。車道から、獣道のような狭くて勾配《こうばい》のきつい道を、覆い被さる草や木の枝をかきわけながら二〇分ほども登ったところが畑の入り口である。入り口といっても門があるわけでも表札がたっているわけでもない。そこから上のほうが開けて、イネやほかの作物が植えられているというだけのこ

焼畑、混作の様子（北ラオス）

とである。

実はこの時の旅が、私にとって焼畑の収穫をつぶさに観察できた初めての旅であった。それまでにも焼畑地帯を訪れたり農家でその種子をもらったりしたことは幾度かあった。イネを刈ったあとの畑をみたこともあった。しかしいつも訪れる時期が遅く、稲刈りの作業風景をじっくりと眺めることはできなかった。初めての体験はいくつになっても興奮を呼ぶものである。私は時間の経つのも忘れてあたりを見渡していた。

焼畑に植えるもの

落ち着いて焼畑の現場を見渡してみて真っ先に気づいたことは、そこに植えられた植物の種類の多さである。ざっとみただけでも、畑には、イネ、バナナ、ゴマ、レモングラス、ターメリックまたはショウガなどをみることができた。イネは、いくつかの作物の中で一番多く植えられてはいたが、畑はイネだけのものとはいえなかった。ふと足元をみるとまん丸な形をしたウリの実も転がっている。その形からはメロンのようにみえたが、後で畑の主人が山刀で切ってくれたその実からはキュウリ独特の青臭い香りがした。焼畑の農耕は混作を主体とするもののようであった。

このときの調査で、私たちは二〇箇所を超える焼畑の現場で収穫の様子をみること

雑然とした焼畑の様子（北ラオス）

ができた。これらの現場でみた作物は、先に挙げたものの他、シコクビエ、ヘチマ、ヒョウタン、シソまたはエゴマ、サトウキビ、トウモロコシ、トウガラシ、キャッサバなどを数えることができた。また、ナスの仲間の植物を多くみかけたが、これが栽培されたものかどうかはわからなかった。これらに、名前や用途の不明なものを加えると、その数は優に二〇を超えた。

一方、イネ、シコクビエ、トウモロコシ以外の穀類をみることができなかった。照葉樹林文化の焼畑の権威である佐々木高明さんのご著書には、よく、アワのことが書かれている。そのことが気になって幾度か土地の人たちに尋ねたが、私たちの目にはついぞアワが触れることはなかった。アワなどの雑穀を作る人びとはさらに山の奥深くにひっそりと生活していて、私たちの目には触れなくなっているのかもしれない。いずれにせよ、焼畑の畑に栽培される作物は実に多彩でかつ同じ時期に混ぜて栽培されるいわゆる混作のスタイルをとるものであった。焼畑の農耕は多様性の農耕ということができよう。

多様性は、イネの品種の中にも認められた。ひとつの畑に栽培されるイネの性質を細かく調べてみると、彼らが一品種と考えているものの中にさまざまなタイプのものが混じり合っていた。一例を示そう。次頁の写真は北ラオスのある村でひとつの畑に

北ラオスで一枚の畑に栽培されている稲穂（鉛筆の長さ 15㎝）

栽培されている稲穂を並べてみたものである。どうだろう。一見して、違った種類のイネがあることがおわかりいただけると思う。その中には、籾の色が茶色いものとそうでないもの、籾の先に黒い色がついたものとそうでないもの、ノゲのあるものやないものなど、さまざまな性質をもつものがあることがわかる。注意深くみていくと、一〇を超えるタイプのものが混ざっていることがわかった。どうも、土地の人たちの「品種」の概念はかなりあいまいで、収穫の時期や背丈などが同じものを一つの「品種」と呼んでいるようなところがあって、その中の色や多少の形態上の差異などにはあまり頓《とん》着《ちゃく》していないように思われる。そうした雑駁なものを品種として括ることで、集団の中の多様性を維持しているようにも思われる。

ただし彼らにも何のこだわりもないわけではない。植えられているのは決まってモチ米の品種である。他の形質についてはルーズなのに、この点だけは多くの場合変わることはなかった。

焼畑を開く

焼畑の農耕では、同じ土地をずっと耕作に使いつづけることはない。たいていの場合、三年も経てばその土地は放棄され、もとの森に戻されるのだという。

そのことは飛行機の上からラオスの山をみているとよく理解できる。ラオスの国内線の飛行機はほとんどがプロペラ機で、高度はそんなには上がらない。しかも乾季になると視程はぐんとよくなり、山の様子が手に取るようによくわかる。

飽きるともなく下をみていると、深い森に覆われた山の一角に茶色くみえる部分がところどころにある。たぶんそこは今イネが植えられているところである。ただし緑の部分がみな深い森なのかというと決してそうはみえない。ある部分には大きな木が密集して生えてはいるが、また別な部分は灌木の林のようにもみえる。うす緑色をしていて、去年くらいまでは畑として使われていたのではないかと思われるところもある。彼らの畑が移動をくりかえしていることが手に取るようにわかる。

彼らはなぜ畑の位置を移動するのか。このあたりの事情は佐々木高明さんの『稲作以前』（NHKブックス、一九七一年）にも詳しいし、また私も以前、『森と田んぼの危機《クライシス》』（朝日選書、一九九九年）に書いたところであるが、今一度復習をしておきたい。

焼畑を営む人びとが森を切り耕地に開くのは春である。春先になると人びとは森の木々を切り倒し下草を刈り、しばらくおいて乾燥させた後に火を放って焼き払う。枯草や小枝などはそれで燃え尽きて灰になるが、大きな木などは燃え残ってしまう。そこで人びとはそれらを一箇所に集めて再度火をつけ、完全に燃やしてしまう。そうしてできた土地に彼らはイネや他の作物の種子を播《ま》きつける。

森を焼いて畑を開いた初年次には、雑草はほとんど生えて来ない。森に雑草となる草木はなく、したがってその種子もないからである。木や草を焼いてできた灰は肥料として利用できる。病原菌や害虫も、焼くという作業によって避難するためかその被害は軽減が見込まれる。というわけで、焼畑一年目の生産性は私たちの目には驚くほど高くなる。いろいろとインタビューしてみたところ、籾収量で一ヘクタールあたり三・五トンくらいの数字を出す農家もめずらしくなかった。これを玄米に直すと二・

五トンくらいだろうか。ちなみに日本では二〇〇一年(平成一三年)の収量は五・二トンなので、焼畑でも、とれる所では日本の平均の五割ほどの収穫があることになる。五割の収穫高というと「半減」のイメージが強いが、考えようによると「半分もとれる」といういい方もできる。というのも、肥料や農薬を含め投下されるエネルギーはラオスの焼畑のほうがはるかに小さい。しかも栽培される品種にしても、日本の品種は国家百年の計をかけ膨大な資金と労力を投下して改良された品種である。耕地の整備に使われた金額もまるで違う。こうしたことをすべて考えに入れれば「半減」の表現は不適当である。「半分もとれる」ことにもっと驚いていいのではないだろうか。

休耕の思想、輪廻の思想

このようにいいことずくめの焼畑も、開いて二年、三年と時間が経つにつれ、当初のころの魅力は失われてゆく。最大の問題は雑草で、初年次にはほとんど問題にならなかったにもかかわらず二年、三年と時間が経つにつれ、近隣の草地などから草の種子が侵入して来て、畑はあっというまに雑草に占領されてしまう。そればかりか灰によって供給されていた栄養分がなくなり、栄養不足が問題になり始める。火を受けたことで避難していた病原菌や害虫も戻ってくる。そんなわけで収量も、初年目は高か

休耕された土地（ラオス・ルアンパバーン郊外で）

ったが、二年目、三年目となると二・五トン、一・五トンと減少してゆく。というわけで焼畑で開かれた土地は年々その魅力を失ってゆく。

魅力に乏しくなった農地をどうするか。ここで人びとがとる道は大きく二つに分かれる。ひとつは、肥料や農薬を開発したり労働力を投入して再び生産性を上げようとする道、もうひとつはいったんこの土地を放棄して森に返し、その代わり新しい森を農地に開こうとする道、である。いわゆる先進国や先進地域では人びとは前者の道を選んだ。というのも広い耕地を自由に手に入れるのは難しく、また耕地にはそれまでにも多大の投資が行われていることもあって、人びとの力は

タケを細工して作った祠

どうしても既存の土地の生産性を上げる方向に割かれるからである。また、水田のように開墾に多量のエネルギーを要する耕地の場合にはその傾向は一層顕著になる。それに対してインドシナの奥地などでは、土地の制約はむしろ小さく、また反対に肥料を手に入れたり草を取りにゆく労働力の確保のほうが大変である。こういう条件下では、休耕と耕作をくりかえす焼畑のほうがトータルには有利である。人びとは後者の道を選んだ。

とはいえ、焼畑に生きる人びとが、たんに経済上の効率だけでその農耕のスタイルを維持しているのかといえばそうでもなさそうである。焼畑の人びとはよくお祈りをする。種《たね》を播くとき、山に生えているタケを切ってきて、それを上手に細工して祠《ほこら》を作る。そして祠の周りにもってきた水を撒《ま》いて「雨がたくさん降って米がとれますように」とお祈りをしてから種子を播く。

収穫時の畑でも、私は何回か彼らが畑に作った祠やお供えのようなものをみてきた。二、三年耕作しつづけた畑を休耕するとき、彼らはその行為を放棄とは考えていない。土地を山の神様に返すのだと思っている。山の神様に土地を借り、米を頂き、そして何年かすればその土地をまた神様に返す――そうした営みが焼畑の耕作の心髄なのかもしれない。

人工物に乏しい焼畑

焼畑の農耕をみて来て感じたことは、そこがおよそ人工物の少ない空間だということであった。この場合の人工物とは、田の畔や水路などのしかけ、クワ、スキといった農具などをいう。私はこんなふうに思った。もし、近くに火山があり、その大噴火で出た多量の灰がこの畑を埋め尽くしたとしよう。そして二〇〇〇年も経ったころ未来の考古学者がたまたまここを掘り起こしたとしよう。はたして彼らにここに稲作があったことを証明できるだろうか。

今、弥生時代などの水田が検出できるのは、畔や水路などの構造物が出土し、また田の表面らしいところからイネのプラントオパールが出る、などの条件が整ったときである。そのどちらが欠けても水田の証明は難しい。ましてやその両方がない場合には、それは絶望的に不可能である。焼畑の場合は、構造物の検出もプラントオパールの検出も難しいと思われる。構造物の検出が難しそうだということは読者の方々にもすぐおわかりいただけるだろう。焼畑の畑には畔もないし、また水をコントロールするような水路もみえないからである。

農具についても同じことがいえる。焼畑を営む人びとのもつ農具はいたってシンプ

上：穴あけの道具、下：種まきの様子

ルである。山を開いたり、火入れのあと焼け残った木を切り払ったりする山刀。これ一本あれば何だって作れるというくらいの万能具である。あとは収穫の時の穂摘み具くらいであろうか。種まきの時に地面に穴をあける道具（49頁上の写真）をみたことはあるが、これは必需品というわけではない。同じラオスの別な村では、播種《はしゅ》のため穴をあける棒切れは山焼きのあとに燃え残った木の枝を使うということであった。私たちはそれをずいぶんいい加減な話だと受け取ったのだが、彼らはいたってまじめで、その棒切れは山の神様からの贈物と考えているようであった。今でさえこうなのだから、縄文時代の焼畑稲作の道具もおそらくごく簡単なものだったのに違いあるまい。

縄文時代の遺跡からは農具らしいものが出てこない。このことが縄文農耕や縄文稲作を積極的に認めない理由のひとつになっているといわれる。しかし焼畑での稲作が意外なまでに農具を使っていないのをみると、農具のなさが農耕がなかったことの理由にはならないことを改めて感じる。とにかく、現代の水田稲作は縄文時代の稲作を考える上であまり参考にはならないのである。

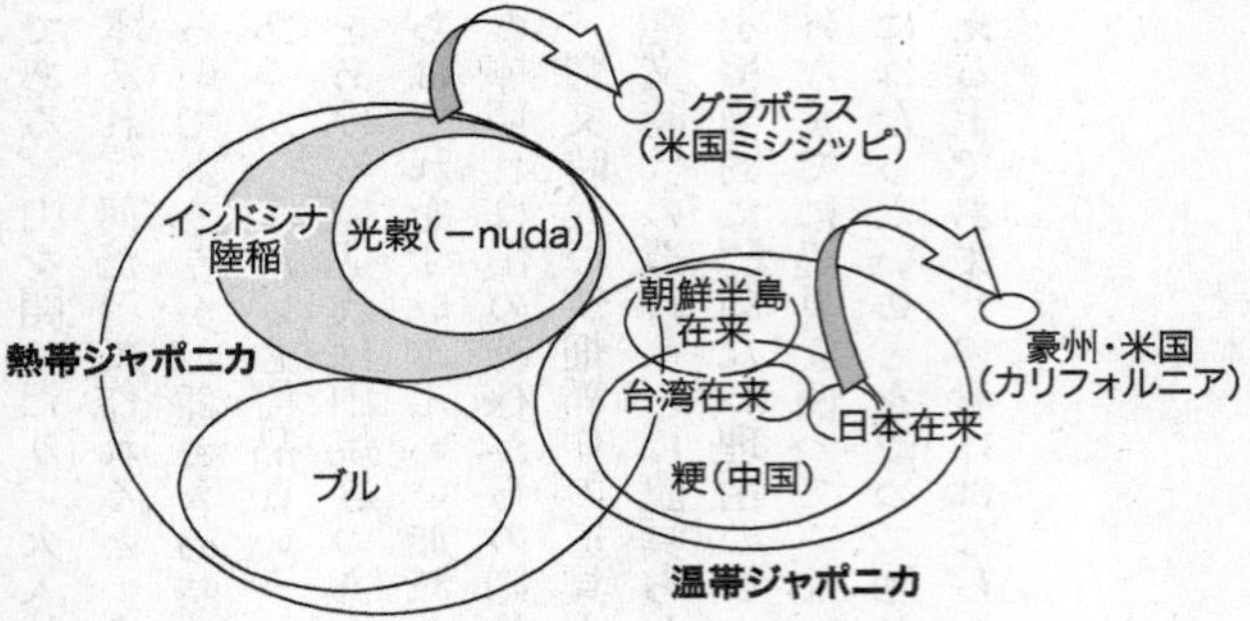

ジャポニカの品種相互の類縁関係

二つのジャポニカ

イネの品種たち

縄文時代のイネはどんな品種であったか。この問いに答える一番の方法は、縄文時代の遺跡から米粒を掘り当て、稲作の状況などとともにそれを復元することである。しかし「縄文の米」がない以上この手は使えない。今残されているイネの遺伝子などをよすがに昔を訪ねるしか手はない。

イネには現在二〇万ともいわれる膨大な数の品種が知られるが、それらは大きくインディカとジャポニカとに分かれている。両者の間にはどちらともつかない中間的なタイプのものや、ハイブリッドライスのように両者の交配でできた品種も存在するが、大きくいえばその二〇万品種はインディカかジャポニカのどちらかに分かれるといって差し支えない。

インディカのほうはさておいて、ジャポニカの中をさらに細かく分けるとどうなるだろう。実はジャポニカと括られる品種の中にも、土地に固有の品種のグループが多く存在する。それら相互の関係は右図に示す通りで、地方色豊かな代わりに品種相互の類縁関係は明らかではない。たとえば中国雲南省、貴州省あたりにある「光殻」と呼ばれる品種は、本来籾や葉に生える細かな毛がなくなってしまったタイプであるが、これと同じものはフィリピンの陸稲《りくとう》などにもみられる無毛の品種と似通っている。そしてこれらの一部は米国のミシシッピ川流域に伝わり「グラボラス（無毛）」品種として土地に定着した。中国大陸の「粳《こう》」と呼ばれる品種群は遺伝的には日本の水稲品種ときわめて近縁である。籾の外側の部分に「ハカマ」のようについている「護穎《ごえい》」。これは通常籾の三分の一くらいの長さをもつに過ぎないが、中には護穎が籾の長さほどに発達した変わりものを目にすることがある。「長護穎」と呼ばれるこの系統もまた、東南アジアから台湾山地の陸稲にだけみられるものである。いったい縄文のイネは、これらのうちどれに近いものなのだろうか。

熱帯ジャポニカと温帯ジャポニカ

図の一番外側に記された熱帯ジャポニカと温帯ジャポニカの区別はかなり明確である。両者の区別は本書での話の展開に決定的に重要なことなので、ここで詳しく説明しておきたい。

ジャポニカ品種にこの二つのタイプがあることを最初に指摘されたのは岡彦一先生である。岡先生は、ジャポニカと分類された品種の中に二つのグループがあることには、早くから気がついておられたようである。岡先生ご自身は否定されるのだが、私は、先生はどうも論理的な思考よりは直感的感覚に従って仕事をしておられたように思う。熱帯ジャポニカと温帯ジャポニカの分類の話にしてもそうで、先生の論文をいくら読んでももうひとつ釈然としないのは、先生がなぜ二つのグループの存在に気がついたのかが書かれていないからである。とくに、先生は両者を区別するために三つの遺伝形質を使われるが、なぜこの三形質なのか、その説明はいくら聞いても判然としなかった。その三つの形質とは、まず胚乳《はいにゅう》(米粒)のアルカリ溶解度、第二に、イネの種子を真っ暗な部屋で発芽させたときに伸びる中茎《ちゅうけい》と呼ばれる器官の長さ、そして第三が、籾の形(具体的には長さを幅でわった値)である。想像するに先生は、た

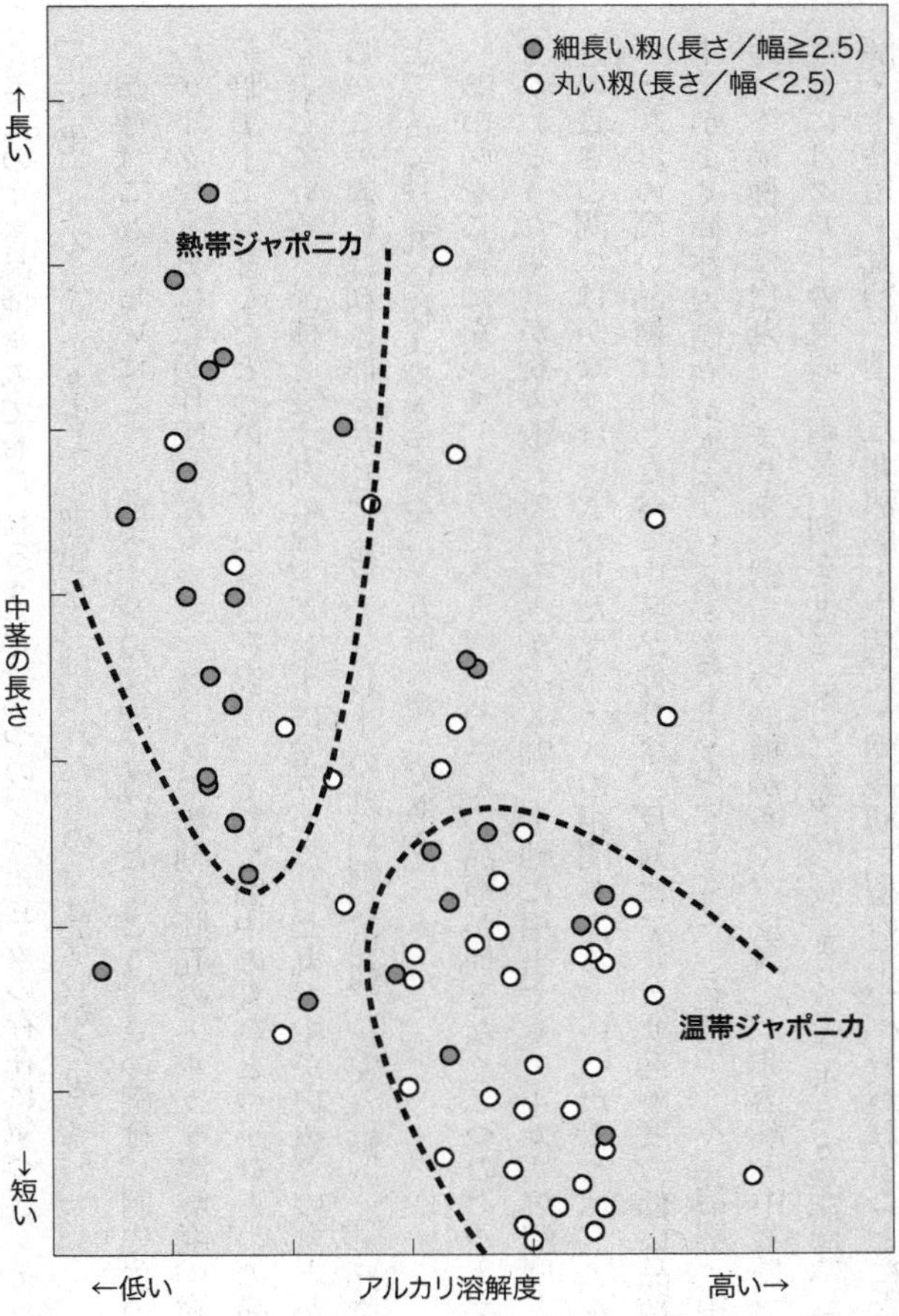

温帯―熱帯ジャポニカの分化を示す図

くさんのイネ品種をみておられるうちに二つのジャポニカの存在に気づき、それを「正当化」するためにあとから理屈をつけられたものではないかと思う。

想像はこれくらいにして、前ページの図をご覧いただこう。この図は、岡先生の生のデータをもとに私が作図したもので、グラフの横軸が胚乳のアルカリ溶解度、縦軸が暗黒下で発芽したときの中茎の長さを表す。そして図中の丸ひとつがひとつの品種を表している。品種を表す丸には、グレーに塗りつぶした丸と中が白抜きの丸とがある。この違いは籾の形を示しており、グレーの丸が細長い籾（長さが幅の二・五倍以上）、白丸が丸い籾（長さが幅の二・五倍未満）である。

この図をご覧になって、どうだろう。たくさんの品種が何となく二つのグループに分かれそうな傾向が読み取れるだろうか。X軸、Y軸に相当するアルカリ溶解度と中茎の長さの間にはかなりはっきりしたマイナスの相関がある。いいかえれば、アルカリ溶解度の高い品種はおしなべて中茎が伸びず、反対にアルカリ溶解度の低い品種は中茎がよく伸びる傾向がある。しかもおもしろいことに、右下にくる「溶解・中茎短」の品種には白丸、つまり丸い籾をもつ品種が多く、反対に「非溶解・中茎長」の品種にはグレーの丸の（細長い籾をもつ）ものが多い。つまりジャポニカ品種は、「溶解・中茎短・丸籾」型と「非溶解・中茎長・細長籾」型の二つに分かれることになる。

形質	(1)	(2)	(3)	(4)	(5)	(6)	(7)	(8)	計
アルカリ溶解度 中茎の長さ 籾　型	低 長 細長	低 短 細長	低 長 丸	高 長 細長	低 短 丸	高 長 丸	高 短 細長	高 短 丸	
インドネシア	8	2	1	1					12
スラウェシ(インドネシア)	1	1	1	2		1	2	1	9
フィリピン	7	3					1		11
インド			1						1
中国海南島		1		1		1		1	4
台　湾				1			2	4	7
中国本土	1			1			1	6	9
日本　陸稲			1	1			2	2	6
日本　水稲							1	11	12
計	17	7	4	7		2	9	25	71
		〈熱帯〉					〈温帯〉		

二つのジャポニカの分布域（岡、1958による）

岡先生は、ジャポニカにこの二つのタイプがあることを見抜いておられたのである。

名前の由来

岡先生がその二つのジャポニカに熱帯型、温帯型の名前をつけられたのはどうしてか。上の表をご覧いただこう。これは先に登場した「溶解・中茎短・丸籾」型と「非溶解・中茎長・細長籾」型がどこに分布するかを示したものである。これをみると前者は温帯に属する中国大陸の中、北部や日本列島を中心に、また後者は熱帯に属するインドネシア、フィリピン、台湾の山岳地帯などに多く分布する。こうした地理的な分布から、岡先生は比較的簡単に前者を温帯型、後者を熱帯型と呼ぶことを思いつかれたようである。

このように名前をつけると、温帯型はあたかも気候冷涼な温帯に、そして熱帯型は暑い熱帯の気候に適応しているかのようにみえるが、実際はそうではない。二つのジャポニカの分布がかりに温帯と熱帯とにかたよっていたとしても、その分布のパターンの違いを温帯と熱帯という緯度差だけに帰することはできない。二つの地域の間には、気温の他、昼間の長さや降水量、紫外線量などの自然環境にも違いがある。また稲作の集約度といった人為的な色合いのきわめて濃い環境にも大きな違いがみられる。

実際、冷害に強いイネの品種を育成しようとして専門家たちが探し出してきた耐冷性の品種「シレワー」はインドネシア産の熱帯ジャポニカ品種である。逆に、温帯ジャポニカのひとつである日本のコシヒカリは熱帯の国タイの乾季作にもよく合い、じょうずに管理すれば日本なみの生産も十分可能である。

さらにまた、最近の研究では、熱帯ジャポニカに属する品種が、中国の雲南省から貴州省にかけての山沿い地方や米国のミシシッピ川流域に分布することもわかりつつある。これらの地域は、亜熱帯ではあっても熱帯というにはほど遠い気候帯に属する。地理的な分布からみても、「熱帯」ジャポニカの名前は混乱のもとというべきである。

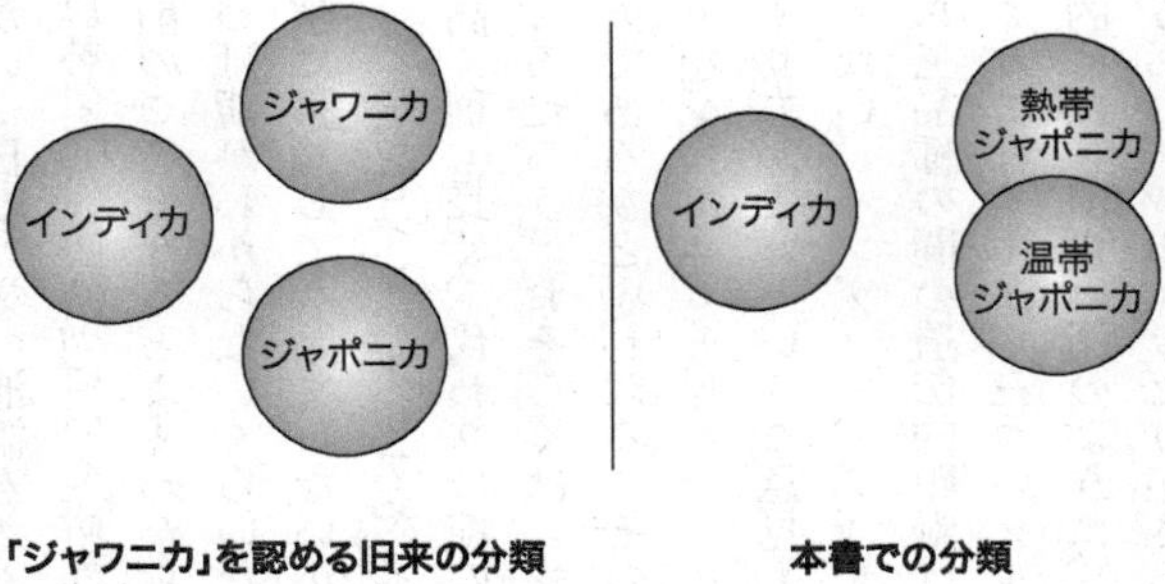

ジャワニカの位置づけ

だがこうした誤解があることを承知の上で、本書では岡先生以来の熱帯ジャポニカ、温帯ジャポニカの名前を引き続き使うことにする。名前をころころ変えるのは新たな混乱のもとだし、それに私には、この名前を使うことが師たる岡先生に対するわずかばかりのむくいであるという、少しばかりウエットな気持ちがあることも否めない。

ジャワニカとは？

ところで少しイネに詳しい人ならば「ジャワニカ」という品種群の名前を耳にしたことがあるかもしれない。ジャワニカ、あるいは人によってはジャバニカと称される品種はいったい何ものだろうか。「ジャワニカ」の名づけ親はもうひとつはっきりしていない。日本大学の池橋宏さんによれば、この語は一九四〇年代の農林水産省（当時は農林省）の試験場にいた研究者たちの間ではすでに使われていたらしい。ただし、その前のこととなるとよくわからないという。

名づけ親がわからないくらいだから定義もあいまいである。定義のあいまいなものを厳密に議論しても始まらないが、多くの研究者が何となく考えているところでは、「ジャワを含むインドネシアやフィリピンにあって、米粒が大きく、長い芒《のぎ》をもち、背が高く穂も長く、代わりに穂の数が少ない品種」がジャワニカである、というようなところだろう。おそらくは「ジャワニカ」ともっともよく重なる品種群は熱帯ジャポニカであろうと思われる。その意味では、熱帯ジャポニカをジャワニカ、温帯ジャポニカをジャポニカと呼んで、インディカ、ジャワニカ、ジャポニカの三品種群にわけるやり方がよいというご意見もあるかもしれない。しかし、私はこの意見には同調したくない。インディカ、ジャワニカ、ジャポニカという三本立ての分類に従うと、これら三品種の間の遺伝的距離はどれも同じであるかのように見えるからである。つまりこれではイネが、三つのグループに分かれるように誤解されてしまう。しかし遺伝学的には、前頁の図のように、イネはまずインディカとジャポニカの二つに分かれ、そのうちのジャポニカだけがさらに細かな二つのグループに分かれるのである。温帯ジャポニカ、熱帯ジャポニカという名称にあくまでこだわり続けたい。

DNAでみた二つのジャポニカ

葉緑体のDNA

ところでこの二つのジャポニカは、DNAのレベルからも区別可能である。詳しく説明してみよう。

植物のDNAは、核の中にしまわれた大部分のほかは、葉緑体とミトコンドリアという、核の外にある小さな細胞内器官に納められている。動物のDNAは、核とミトコンドリアの二箇所にしかないが、これは動物細胞が葉緑体をもたないからである。

葉緑体のDNAは植物の分類や進化の研究によく使われてきた。最大の理由は、葉緑体のDNAが核のDNAより取り出しやすいことにある。細胞内にある葉緑体の数は数十のオーダー、しかもひとつの葉緑体の中にも、また何十という数のDNAのセットがある。つまり葉緑体DNAは、ひとつの細胞の中に同じ配列をもつ「コピー」

を何百セットももっていることになる。

葉緑体DNAが進化の研究によく使われてきた第二の理由は、その配列が種によってほどよく違うからである。違いがありすぎるとDNAの配列の違いで種同士を区別しようとしても何が何だかわからなくなってしまう。しかし、そうかといって、違いがないのではどうにもならない。ほどよい程度の違いが求められるわけだが、葉緑体DNAの配列の種による違いはちょうどそのほどよさにあるというわけである。

もっともDNAの配列を比較的簡単によめるようになってからわずかな時間しか経っていない。だから葉緑体DNAの分析が植物の進化の研究に役立つかどうかの評価にはもう少し時間がかかるかもしれない。

さて、葉緑体のDNAで二つのジャポニカをみるとどうなるか。二つのジャポニカは、葉緑体のDNAの配列で、ある程度区別ができることが最近明らかになりつつある。とくに、千葉大学の中村郁郎さんが一九九七年にみつけたPS-ID（ピーエス・アイディ）と呼ばれる部分は二つのジャポニカの区別には都合がいい。PS-IDは葉緑体のある二つの遺伝子に挟まれた、遺伝子と遺伝子ののりしろのような部分で、この部分のDNAの配列が植物の種の間で異なることがわかっていた。中村さんのご指導を受けて学生たちがいろいろ調べてみると、イネの中にもこの部分の配列が他の品種と異なる品種が次々とみつかった。とくに、PS-IDの頭の部分にはイネの品種群を分けるのに都合のよい配列がみつかった。PS-IDのはじめの部分には、四つの塩基のうちCとAとが連続して並ぶところがある。たとえばコシヒカリではCCCCCCAAAAAAAというように、Cが六個つながった後にAが七個つながるという配列になる。多くのイネ品種を使って調べてみると、いくつかのCといくつかのAという基本構造に違いはないが、数にはかなりのばらつきのあることがわかってきた。

イネには先述のようにインディカとジャポニカの二つのグループがあるが、ジャポニカは六個のCと七個のAという6C7Aのタイプか7C6Aのタイプかいずれかである。一方インディカでは8C8Aだとか6C9Aなど、さまざまなものがあることがわかる。ただし6C7Aと7C6Aのインディカは出てこない。だからPS-IDの配列を調べれば、インディカかジャポニカかの判定はすぐにできることになる。さらにジャポニカだけに絞ってみると、熱帯ジャポニカは7C6Aのものと6C7Aのものとがあるが、温帯ジャポニカは6C7A一色になっている。だから、由来不明の品種からDNAをとり、そのPS-IDが6C7Aのタイプのものだとジャポニカであるとしかわからないが、7C6Aだと熱帯ジャポニカであると特定ができる。

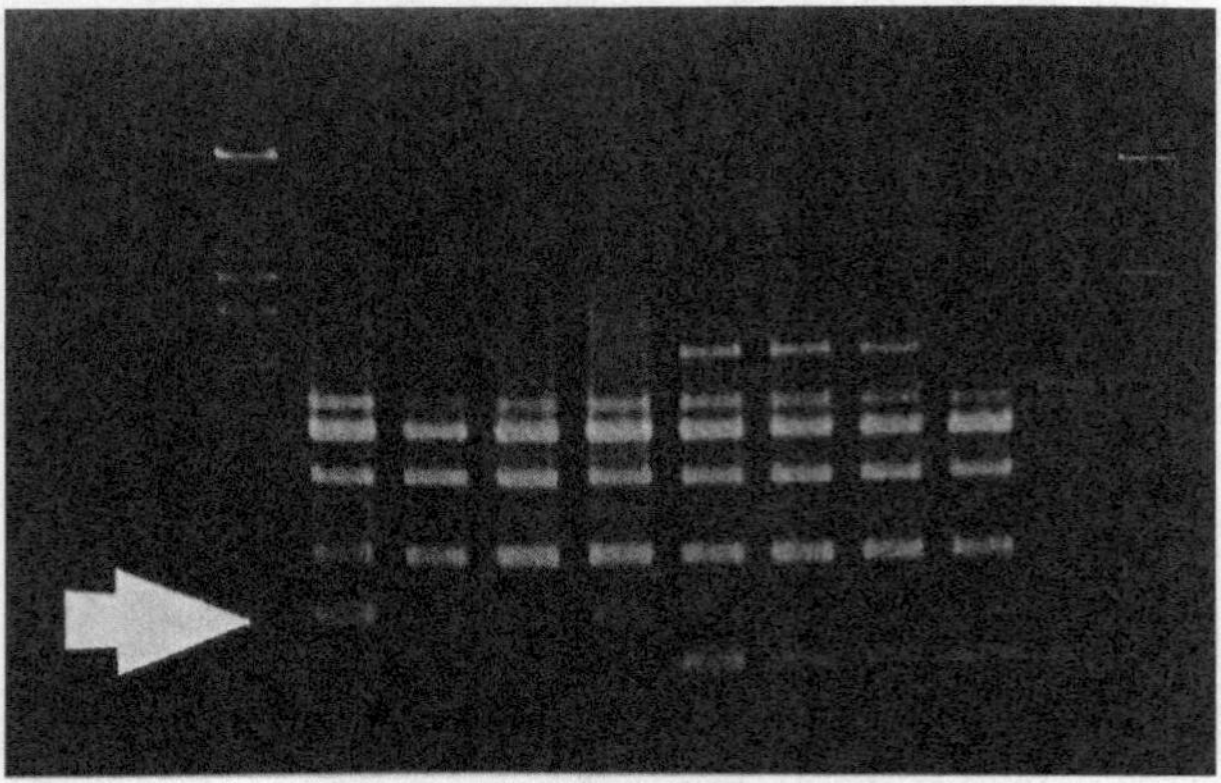

熱帯ジャポニカを区別するDNAの写真

核のDNA

さきほどDNAは核と葉緑体などにあると説明したが、DNAがもつ情報量からいうと核のそれは葉緑体などのそれをはるかに凌《しの》ぐ。だから核のDNAが分析できればわかることは格段に多くなる。にもかかわらず葉緑体や、動物やヒトのようにミトコンドリアDNAの分析が先に進んだのは、先にも書いたように分析がやりやすいからである。

さて核のDNAを使って熱帯ジャポニカと温帯ジャポニカを区別することもできる。紙面に余裕がないので十分な説明はできないが、上の写真を見ながら読み進めていただきたい。写真は、温帯ジャポニカと熱帯ジャポニカそれぞれ四品種ずつの核のDNAの一部をPCR法という方法で増幅し、電気泳動して得られたバーコード様の模様をみたものである。ここではこうしたバーコード様模様のことを「バンド」と表現する。

使った八品種（熱帯ジャポニカ、温帯ジャポニカ各四品種ずつ）がどんなDNAの情報をもつかは事前には何もわかっていない。八品種はランダムに選んだだけである。写真中に示した矢印の位置のバンドが、熱帯ジャポニカ品種四品種（左四品種）にみられるのに温帯ジャポニカ品種（右四品種）にはひとつもみられない。

核のDNAの別な部分を増幅すると、今度は温帯ジャポニカにはみられるのに熱帯ジャポニカにはみられないバンドもみつかる。だから二つのバンドのあるなしを調べるとそれによってDNAのレベルで熱帯ジャポニカ、温帯ジャポニカの区別が可能である。写真には八品種のデータしか示していないので、九品種目に例外が来るかもしれない、とお考えの向きもあるだろう。当然その可能性はあるわけで私も慎重に検討を重ねてみた。そのデータはまだ正式に公表していないが、今まで調べた範囲では熱帯ジャポニカと分類された品種で写真のバンドのないものは三〇分の三、反対に温帯ジャポニカで写真のバンドをもつものは三五分の五であった。だから、このバンドのあるなしだけでも相当のことがいえるのではないかと思う。私はこれ以上精度はあがらないのではないかと思っている。というのは、二つのジャポニカの間には当然自然交配もあって遺伝子の交換がしばしば起こり、そのどちらともつかない品種があることが十分考えられるからである。

ともかく、DNAを使って二つのジャポニカを判別することは十分に可能である。今は技術の進歩によって、炭化米一粒からDNAを抽出することもできるようになっている。実際にこの技術を応用してわかったことがらは第二章で改めて説明するとして、DNA分析の説明はここでひとまずおくことにしよう。

縄文時代のイネの実像にせまる

まだ出てこない縄文時代の米

私たち現代に生きるおおかたの日本人にとって、「イネが来た」とはどういうことをいうのか。どこか異国の使節団が「米」という珍重な貢物をもち運びそれを土地の有力者にささげたというだけのことなら「イネが来た」とはいわない。風張遺跡の

「七粒の米」が縄文の米として認知を受けなかった理由のひとつはおそらくそこにある。「イネが来た」というからには、食料としての米だけでなく、それを作る技術や習慣など、いわゆる「文化」がやってきたというのでなければならない。

残念ながら考古学的には、この条件を満たす発掘事例はまだないようである。風張遺跡では米はあったが稲作の痕跡はなかった。一方、プラントオパールが出土する遺跡からは米が出てきていない。プラントオパールはイネの葉の存在証明であるから、その出土は稲作の証拠のように思われるかもしれない。しかしもし日本に野生イネがあったとするならプラントオパールの存在は稲作の証拠にはならない。というのは、野生イネは、ヒトの介在の有無にかかわらずその土地で生活環をまっとうして自生する力をもった植物で、作物とは異質なものだからである。

「イネが来た」という語にはもうひとつ、別の響きがある。その時伝わったイネがその後列島各地に広まり、現在の私たちが目の当たりにしているそれの直接の祖先となったという響きである。つまり伝わってきたイネと現在のイネの間に、遺伝的な連続性が認められることが必要である。縄文時代に渡来したとされるイネは、今のコシヒカリになにがしかの遺伝子を残しているかどうか。

では縄文時代の日本列島に、こうした意味での「イネの渡来」はあったのか。おそらくその答えはイエスである。風張遺跡の米、各地から出土したプラントオパールを含めた数々の状況証拠は縄文のイネと稲作の心証を限りなくクロに近いものにしている。縄文稲作の直接証拠は、縄文時代の遺跡からプラントオパールなど稲作の証拠と米とが併せて出土することであるが、それはそう簡単なことではない。しかし考古学的な証拠がないからといって、それが真になかったということにはならない。そこでここでは、縄文のイネと稲作の周辺を改めて説明するとともに、それがどんなものであったか、現時点で推定できる限りのことを書いておきたい。

直良信夫の夢

在野の考古学者であった直良《なおら》信夫《のぶお》さんは、東京・中野のとある工事現場におかれた土塊《つちくれ》の中から一粒の米粒を見出した。一九五四年（昭和二十九年）の暮れもだいぶ押しつまったころのことであった。米粒はまっ黒に変色していたが形はしっかりしており米以外の植物の種子ではなかった。

驚いたことに、米粒が出た地層は縄文時代の草創期、おそらく一万年をくだらないころのものであった。ならばその米粒は一万年も前の米粒ということになる。直良さんはさっそく詳しい観察を施すとともに再度現場に赴いてその土を多量にゆずりうけ二粒目の捜索にあたったが、米粒は二度と現れなかった。

思案のあげく、彼は観察の結果を専門誌に発表するとともに、当時日本のイネの歴史を研究していた「稲作史研究会」にもち込むことにする。稲作史研究会は柳田國男さんらの呼びかけで結成された研究会で、メンバーには柳田さんをはじめ、農学分野の権威であった安藤広太郎さん、盛永俊太郎さんらそうそうたる面々が名を連ねる当代随一の研究会であった。直良さんは一九五四年一一月二五日に開かれた研究会の席上でこの出土米についてふれている（ただし直良さんのメモによると発見は同年一二月二九日とある。このメモか「稲作史研究会」の議事録のどちらかが誤りであろう）。

この一粒の米を巡って、会ではさまざまな意見が出された。だがおおかたは、この発見をもって縄文時代に稲作があったと認めることには消極的であった。結局、直良さんの発見についてはその評価が定まらないまま話題が転じていった。その意味では直良さんの発見は日の目をみることなく忘れ去られてしまった。そしてその一粒の米も、長い間、誰の注意を惹《ひ》くこともなく各地を転々としたあげく千葉県佐倉市にある国立歴史民俗博物館の春成秀爾《はるなりひでじ》さんの手元で眠り続けていた。

実は最近、直良さんのこの米粒が春成さんの英断によってその年代の分析が行われた。分析の結果は、意外にも、この米粒がたかだか近世のもの、ということだったようである。詳しい分析の経過や結果はいずれ春成さんが公表されるであろうが、「幻の米」は幻に終わってしまったことだけはたしかであった。もっとも私は、直良さんの発見がまったく無駄であったとは思っていない。むしろそれは縄文稲作の有無、あるいは縄文稲作の性質をめぐる議論に対して提起された大きな問題のひとつと位置付けるべきであると思われる。結果はたまたまネガティヴではあったが、それはあの「旧石器捏造《ねつぞう》」などとは異質のものと理解すべきであると私は思う。直良さんのこの「幻の米」は、一〇〇年にわたる縄文稲作論争の一頁を飾るものなのである。

日本に野生イネはあったか

さて直良さんは当時の日本列島に野生のイネがあったと考えていたようである。もっともこれについても多くの研究者たちは否定的な見方をしていた。私も、日本列島にかつて野生イネがあったとは考えない。もう少し正確ないい方をすると、かりに列島のどこかに野生イネが生息した時期があったとしても、当時の人びとがそれを積極的に利用したことも、ましてやそれを食料としてとりあげ栽培化させて今の栽培イネに仕立て上げたこともなかったと考える。

その理由は以下の二点である。まず、日本のイネは過去現在を通じてジャポニカに属するが、実は野生イネにもインディカ型とジャポニカ型の両方がある。日本列島に野生イネがあり、それが現在日本にあるイネの元になったというなら、それはジャポニカ型の野生イネでなければならない。ところがジャポニカ型野生イネはもともと栄養繁殖性が強く種子の生産性は決して高くない。それが栽培化されて食料になるには、たとえば気候の寒冷化などの動機を考えなければならない。ジャポニカが最初に栽培化されたのは中国の長江流域と考えられるが、それに先立って、気候の激変（寒冷化）によって植物がいっせいに種子繁殖能力を高めたのであろう。気候が大きく変わる時に植物が種子繁殖性を高めるケースはよくあるが、それは寒さや乾燥のきつい時期を種子で凌ぐのが種《しゅ》の保存にとって有利だからである。栄養繁殖性の強いジャポニカ型の野生イネが種子繁殖能力を高めた主因が気候寒冷化にあるとするならば、その時期は三〇〇〇年ほど前の縄文時代の後晩期か、あるいはぐんと遡って一万二〇〇〇年ほど前のヤンガードリアスのころを想定する必要がある。前者は、イネ渡来の時期としては明らかに遅すぎる。一方ヤンガードリアスの時期といえば、イネの原産地の本命と目される中国でも、イネの栽培が始まっていたとはいいがたいほどに古い時期である。日本に野生イネがありそれが栽培化されたと考えるのは時期的に矛盾が多すぎる。

日本に野生イネがなかったと考えられる第二の理由は、日本列島の日長（昼間の長さ）条件があげられる。現存する野生イネのほとんどは花を咲かせるのに短日条件——つまり昼間の時間がある限界を超えて短くなる条件——を必要とする。北半球では昼間の長さは、春分から秋分までの夏の間は、北にゆくほど長くなる。どれほどの短日が必要かは系統品種によって一定しないが、実際野生イネの多くの系統を日本で栽培すると、まともに花を咲かせ種子を実らせるものはごくわずかである。日本列島は縄文時代の前期ころには温暖期にあったことが知られているが、気候に変動はあっても日長時間は一万年の単位では経年変化しない。たとえば、北緯三〇度地点での夏至のころの日長は今も昔も一四時間三〇分程度である。だから、仮に日本列島に野生イネがあったとしても、それは花を咲かせることができず栄養繁殖する系統であったはずで、そうするとそれらはとうてい食料たり得なかったと考えられるのである。

こうした理由により、私は日本列島には、少なくとも今のイネに直接つながるような野生イネはなかったと考えたい。ただし、次に述べるたったひとつの例外を除いての話ではあるが。

小浜島の野生イネ

そのたったひとつの例外とは沖縄県小浜島《こはま》に、国立遺伝学研究所におられた森島啓子さんが実験的に植えた野生イネのことである。小浜島は南西諸島の石垣島から船で三〇分くらいのところにある文字通り小さな島である。小さいながらも水田があり、かつてはそこでほそぼそとイネが植えられていた。ところが人手不足などから休耕田となり遊んでいたのを、森島さんはどこかで聞きつけてこられ、それで早速そこに野生イネを植えてみようと考えられたのであった。森島さんのグループでは一九八五年に一〇〇株ほどの野生イネを二アールほどの休耕田に植えた。

小浜島に野生イネを植えようという試みは単なる物好きのゆえではない。野生イネは私たちのイネの祖先でありながら、その生活環や繁殖の方法などわからないことだらけである。野生イネのこうした知られざる点を明らかにするには継続的な調査が必要だが、それには野生イネを身近において観察するのが一番である。できることなら自由に移動できる国内において継続観察したいが、野生イネは熱帯性の植物で、自生する可能性があるのは唯一沖縄だけである。同緯度にある台湾にもかつて野生イネの自生地があった。森島さんが小浜島で野生イネを自生させてみようと考えた背景にはこうした事情があったのである。

幸い試みは成功して野生イネは小浜島に定着した。その後、小浜島の野生イネがどうなっているかをたしかめた人はいないが、森島さんによると野生イネはそこで少なくとも一九九五年までは生き続けていたとのことであった。この意味で、日本に野生イネがないといういい方は正確ではない。この野生イネが今の日本にあるイネの祖先であり得ないということは現代に住む私たちには自明のことである。しかしこのことは数千年後の人びとを混乱に陥れる可能性がある。数千年前の沖縄に野生イネが「自生」していたという誤った結論が引き出されかねないからである。本書の趣旨に直接関係はないこのことをここに書いたのはそういう意図があってのこととご理解頂きたい。

縄文のイネはいつどこから来たか

イネ渡来の時期

野生イネがなかったということになると、イネは渡来(帰化)植物であったことになる。つまりどこかよそから運ばれてきたことになるわけだが、いったいいつ運ばれてきたのであろうか。これについて今もっとも信頼できる資料は外山さんのまとめ

（本書31頁）が一番正確であろうと思う。公式に発表されたものだけで考えると、最古の事例は六四〇〇年ほど前の岡山市朝寝鼻貝塚で検出されたプラントオパールということになる。日本列島にイネが渡来した時期は六四〇〇年をくだらないことになる。

もっとも発掘の事例は、――例の旧石器捏造のようなケースは別として――どんどん古い方向に書きかえられてゆく宿命をもっている。客観的には「二一世紀初頭には六四〇〇年前と考えられていた」というだけのことなのかもしれない。

しかし渡来の時期が無制限に遡るかといえばそうではない。イネが渡来植物である以上渡来元がどこかにあるはずである。日本列島における稲作の開始が渡来元におけるそれを遡ることはないわけだが、渡来元と考えられる中国大陸での稲作の広まりはどんなだっただろうか。これについて今現在（二〇〇二年春）の様子を地図にすると74頁に示したようになる。地図には年代が一応はっきりしたものだけを書き込んであるが、これによると最古の稲作遺跡は浙江《せっこう》省・河姆渡《かぼと》遺跡と羅家角《らかかく》遺跡で、いずれも約七〇〇〇年前のものである。江西省・仙人洞《せんにんどう》遺跡や、湖南省玉蟾岩《ぎょくせんがん》遺跡や韓国・ソロリ遺跡には一万年をはるかに超える記録があるが、それらはいずれも地層の年代を測定したものであって出土した種子（ソロリ遺跡）やプラントオパール（仙人洞遺跡）の年代が測定されたわけではない。詳しいことはまた改めて書くとして、こうし

中国大陸での稲作の広まり

たことを考えると、アジアでの稲作は数千年から一万年前の間に始まったと考えるのがよいようである。イネが中国からきたという「パラダイム」に従えば日本における稲作の開始もまた、この時代を超えてさらに古くなることはないであろう。

縄文稲作はどんな稲作だったか

縄文時代に稲作があったことはほぼ間違いないとして、その規模はどれほどだったのだろうか。古い時代の地層に埋もれた花粉を取り出しその種類から当時の植生を推定する「花粉分析」という方法がある。過去の植物の遺体に注目して実験的に植生や生態系を復元するという思想は先に紹介したプラントオパール分析などと同じであるが、花粉はプラントオパールと違って多くの植物種に存在するので植生を包括的に推定するのに力を発揮する。

さて縄文時代の植生をはじめて、系統的に明らかにしたのは安田喜憲《よしのり》さん（国際日本文化研究センター）である。安田さんは一九八〇年に出された『環境考古学事始日本列島2万年』（NHKブックス）で縄文の森の様子を具体的に描き出しておられるが、それによると縄文時代の日本列島はごく一部の地域を除くと森に覆われていたことがわかる。その後安田さんらは青森県・三内丸山遺跡のように大型の集落の傍では、森が、ミズナラ、ブナなど、ヒトの手を受けていない環境に棲む樹種から、クリを主体とする森に変わって来たと指摘しておられる。ヒトの定住生活が森を原始の森から里山の森へと変えたというのである。

ただ花粉分析の結果でも、縄文時代に、広範囲にわたって生態系の一角がイネだけに占められる場所に置き換わったようなケースは認められないという。ある程度の広がりをもった草地や耕地が出現しても、それが一時的なものであったのなら、その痕跡が将来にわたって残ることはない。大地が森に覆われていた時間は草地であった時間に比べてずっと長いからである。いずれにせよこの時代にはまだ、広い面積が田に占められたりひとつの場所が長期にわたって耕されるという環境にはなかったように思われる。

そうはいっても、縄文の稲作の舞台を東南アジアなどの焼畑とまったく同様の環境に求めることは無理であるように思う。

東南アジアの焼畑と縄文時代の日本列島における焼畑との相違点の第一は、縄文時代の焼畑が平らな土地に開かれていたのではないかという点である。現在東南アジアにみられる焼畑は、斜度が三〇度を超えるような急斜面に開かれているものが多い。しかし焼畑を斜面におく積極的な理由はなく、できれば平らな土地に置くほうが便利である。事実、ラオスなどで焼畑で作業する人びとになぜこのような斜面を開くのかと聞くと、ここしか開く土地がないからだという返事がかえってくる。彼らが好き好んで斜面を使っているわけではないことはたしかである。

とくに、人口密度が現在に比べてはるかに希薄であった日本列島で、急峻《きゅうしゅん》な山の斜面を好んで焼畑として開く理由は見当たらない。そしておそらく、休耕の時間は生態系が森に戻る時間に比べて十分に長く、生態系内で耕作地の占める割合は今よりはるかに低かったことだろう。そうすれば耕しやすいところから耕す、というのが自然なことであろうと思う。

第二に、この地形と関係して、縄文時代の焼畑には比較的豊富に水があったのではないかという点である。山の斜面などに畑を開くと水を溜めることはまったく不可能だが、平らな土地ではそれは不可能なことではない。たとえば、川の河川敷や湖の湖畔のような土地を、火入れによって開墾することはいくらでも考えられる。春先の水位の低いうちに草原やそれに隣接する森を焼き払い、夏の間は高くなった地下水位に支えられて稲作を行う。このやり方だと、イネや他の雑穀を混作する利点がはっきりと現れる。渇水の年には、イネに代わってアワ、キビなど乾燥に強い雑穀の収穫が見込めたのだろう。反対に雨が多く湿った年にはイネが多く収穫できたことであろう。

その意味では、縄文時代の稲作環境を「焼畑の稲作」と呼ぶことは誤解を生じるかもしれない。かつて渡部忠世《ただよ》先生が言われた「水陸未分化」の稲作というのがより適切なようにも思われる。

栽培方法の多様さにひきかえ、縄文時代に栽培されていたイネは熱帯ジャポニカに限られていたのではないかと思われる。とはいっても熱帯ジャポニカにも多様な品種があり、決して一様な品種の集団だったわけではない。

いずれにせよ、縄文時代はそのほとんど全般を通じて、農耕と狩猟・採集の混合経済のような状態にあったものと思われる。もちろん両者の比率は場所と時期によって同じであったはずはない。「縄文時代の日本列島」というくくりがほとんど意味をなさないほど多様な環境が展開していたことだろう。

縄文稲作はどこから来たか

縄文稲作を巡る最大の謎は、それがどこから日本に伝わったかである。日本列島へのイネの渡来の経路としては古くから次頁の図にある三本が想定されてきた。このうち朝鮮半島を経由したと考えるいわゆる「朝鮮半島経路」は主に考古学者らによって支持されてきたルートである。朝鮮半島と日本列島とくに北部九州一帯における文化

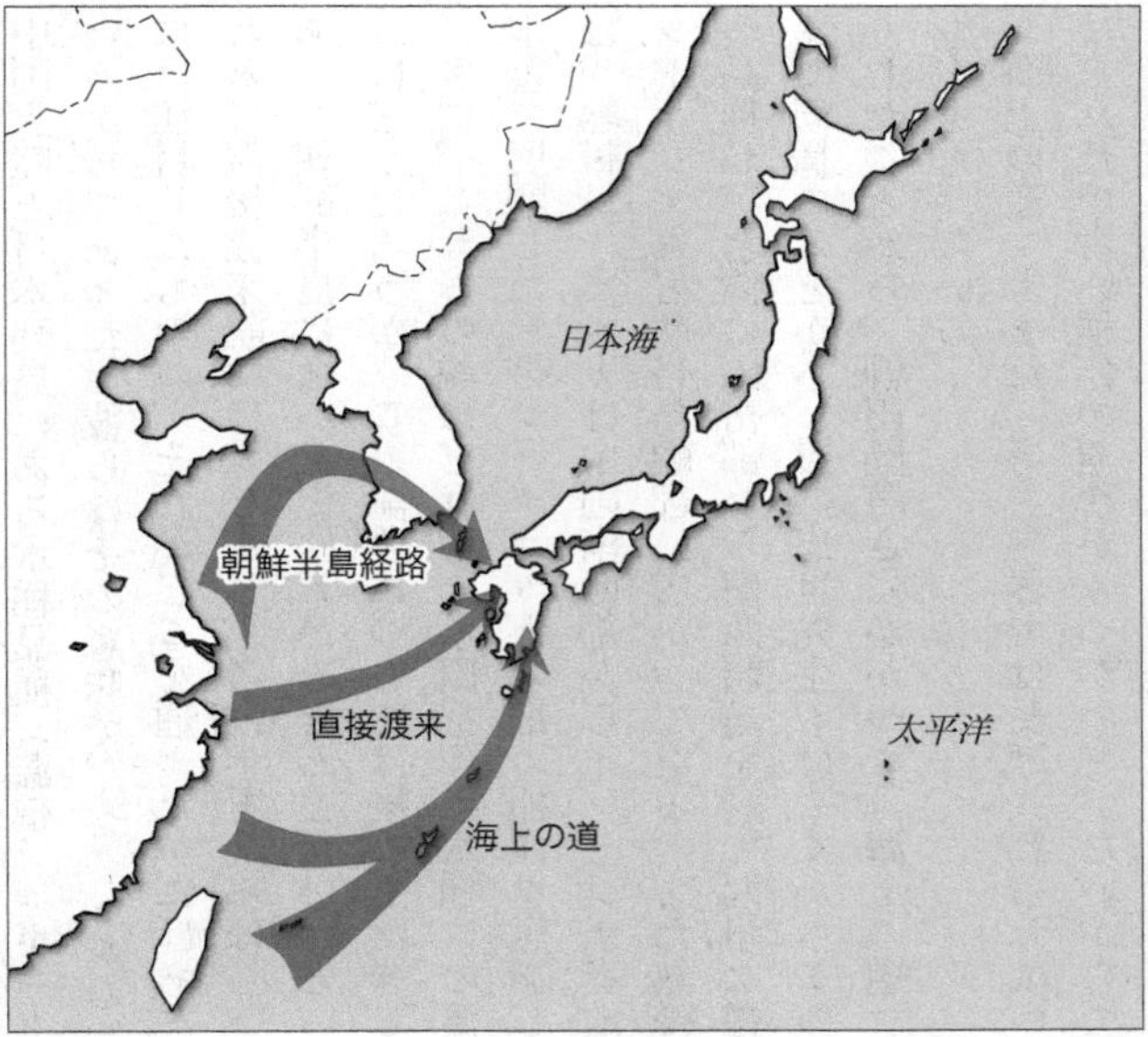

イネの渡来経路

要素の共通性を考えると、朝鮮半島から日本列島にわたったイネがあったと考えるのは自然である。私も、このルートがあったことに疑いをさしはさむものではない。

二番目の経路は、長江の河口付近から直接九州など日本列島に達したとする、いわゆる直接渡来説である。これを熱心に支持したのは、安藤広太郎さんをはじめとする農学者と樋口隆康さんら一部の考古学者であった。農学者がそう考えたのは、中国大陸と日本列島にある水稲品種（温帯ジャポニカ品種）の遺伝的性質が似通っているからであった。彼らはその意味で、ベクトルの始点（中国）と終点（日本列島）には注目したものの、それがどこを通ったかにはあまり関心がなかったようにも思われる。直接渡来説には、しかし、考古学界からは強い反対が出てくる。中国と日本にあって朝鮮半島にない文化要素がほとんどない、というのがその理由のようだが、それはどうだろうか。この論争については後にまた詳しく触れることにしよう。

さて、これらの説はどれも「水田稲作と水稲」の渡来を問題にしたものであって、本書で展開した熱帯ジャポニカと焼畑の稲作を意識したものではなかった。現時点では、熱帯ジャポニカは中国南西部からインドシナ奥地にかけてと、フィリピンからインドネシアなど熱帯島嶼《とうしょ》部に広がっている。また熱帯ジャポニカの固有の遺伝子をもつ品種が、台湾の山岳部から南西諸島を経て九州に達していたこともすでに書いた。また同様のことから、渡部忠世先生もはやくからこのルートに注目しておられた。こうしたことから、柳田國男さんがかつて「海上の道」と呼んだルートは捨てきれない魅力をもっている。

「海上の道」もまた、考古学界では受け入れられていない。沖縄本島はじめ南西諸島にそれだけ古い稲作の遺跡がみつかっていないからである。だがイネが海上の道にある島を伝って北上したとは限らない。つまり島の人びとがイネと稲作文化を十分に享受したとは限らない。コメは受け入れても、稲作は受け入れなかったかもしれない。もともと海上の道は海人たちの道であった。舟を操り大海原を駆け巡ることのできた人びとが、熱帯ジャポニカをもたらしたと考えられるわけである。

遺伝子の分布とイネの渡来

私が、かつて柳田さんが提唱した「海上の道」、つまり南島経由のルートをイネ渡来経路のひとつと考えるようになったのは、日本列島やその周辺地域にある在来品種におけるいくつかの遺伝子の分布を調べてから後のことである。ここで在来品種とは、国などの機関が品種改良を始める前からあった古い品種で、それぞれの土地の風土によく適応していると考えられている。現在の品種は、コシヒカリをみてもわかるように広範な地域で植えられ、どの地方の品種とはいいがたい状態にある。また交配の親に使われた品種もごく限られている。だから現在の品種たちが昔の日本列島のイネの姿をそのまま反映しているとはいいがたい。その点在来品種の場合には、昔からその土地にあったケースが多いと考えられ、その土地のイネを代表しているところがある。そんなところから、在来品種がもつ遺伝子を詳しく調べれば、遺伝子の流れがわかるのではないか、ひいてはイネの流れがわかるのではないかと考えたのである。その結果は、『稲のきた道』(裳華房、一九九二年)に書いたところであるが、今一度かんたんにおさらいをしておこうと思う。

当時私が使った在来品種のほとんどは温帯ジャポニカに属するもので、典型的な熱帯ジャポニカに属するものはひとつもなかった。ただ、熱帯ジャポニカの形質を持つ品種はあちこちに散見され、その頻度はとくに南西諸島で高かった。このことと符合するかのように、熱帯ジャポニカに固有と思われるいくつかの遺伝子をもつ品種の頻度も、南西諸島で高かった。こうしたことから私は、先述のように、熱帯ジャポニカが南西諸島を経由して、柳田さんの「海上の道」を通って日本列島に達したものと考えたのである。

この考え方の基本は今も変わっていない。ただ、渡来元、つまり伝播経路を示す矢印の根元がどこにあるのかがいまもってはっきりしない。『稲のきた道』当時は、私は矢印の根元が台湾からフィリピンにまで達するように考えていた。それは、熱帯ジャポニカの現在の分布の中心がフィリピンからインドネシアにかけてにあると考えられていたからである。しかしその後の調査で、熱帯ジャポニカの分布の中心が熱帯島嶼部だけでなく、インドシナ半島の中心部にもあることがあきらかとなった。また、中国浙江省の河姆渡遺跡（約七〇〇〇年前）の炭化米中には熱帯ジャポニカの性質をもつものがみつかっている。このように、熱帯ジャポニカの渡来元としての条件をみたす土地は以前よりかえって広くなっているのが実情であり、その特定にはさらに時間を要するものと思われる。

モチ米とウルチ米

二種類のデンプン

縄文のコメはどんなコメだったのだろうか。その味はどんなものだったのだろうか。米は、胚乳のデンプンの性質によって大きくいくつかの種類に分かれている。米のデンプンには、アミロース、アミロペクチンという二種類がある。デンプンは糖が鎖のようにたくさんつながった構造をしているが、アミロースは糖が一本の鎖のようにつながった構造、一方アミロペクチンはたくさんの糖が穂のような枝分かれ状の構造をしている。

デンプンのこの構造上の違いはそのまま両者の物理的性質の違いになっている。前者は分子同士が絡まりあうことが少なくさらりとした感じになるのに対し、後者は枝と枝とが絡まりあってねばねばした感じのデンプンになる。また構造の違いは消化の良し悪しにもつながる。デンプンの消化とは酵素がそれを糖にばらすことに他ならないが、一本の鎖のようなアミロースは、鎖が複雑に枝分かれしたアミロペクチンより糖に分解されやすい。だから、アミロースの多い米は消化しやすい米になり、反対にアミロペクチンの多い米は消化しにくい米になる。

モチ米とウルチ米の性質の違いは、このアミロースとアミロペクチンの比率によって決まっている。モチ米はアミロースなし、つまりアミロペクチン一〇〇パーセントの米であり、それだけに強いねばねば感がある。モチ米の腹もちがよいといわれるのもこうしたデンプンの性質による。デンプンの比率の違いは、モチとウルチの米粒の光学的特性にも影響を及ぼしている。アミロースを含むウルチ米は白色光の透過率が高く次頁の写真（左）のように透けてみえるが、アミロースを含まないモチ米は白色光を透過せず、黒っぽくみえる（写真・右）。

一方ウルチ米のデンプンはアミロペクチンとアミロースが混ざってできている。だからモチ米のようなねばりはない。ただし同じウルチでも、アミロースの比率は数パーセントのものから三〇パーセントを超えるものまで、品種によってさまざまに異なる。そして、アミロース含量の高い品種ほど米はぱさついた感じになる。ごく一般的にいえば、日本で栽培されるジャポニカの米はアミロース含量が一五パーセント程度であるのに対して、タイなどの東南アジア平野部、欧州や米国のイネの多くは二〇パーセントから二五パーセントものアミロースをもつ。なお俗説ではインディカがぱさぱさ、ジャポニカがねばねばなどというが、それは根拠の乏しい話である。インディカの中にもモチはあるし、後述する熱帯ジャポニカにもぱさぱさ感の強い品種がある。

左：ウルチ米、右：モチ米

調理の方法

胚乳のデンプン組成の違いは料理の方法にも影響を及ぼしている。モチ米は水を吸いにくく、水洗いしただけで炊くとこげついてしまう。そこで長い時間——たとえば一晩——水につけておきそれから蒸す。ウルチ米の場合はモチ米よりは短時間に多く水を吸収するので長く水につけておく必要はない。とくにアミロースの多い米は日本の米などより多くの水を吸う。一九九三年に多量のタイ米が入ってきた時、日本の炊飯器で炊いたそれをおいしくないと感じた人が多かったが、その理由は独特の香り(決して悪い香りではないのだが、日本の食文化の中には溶け込めなかった)のほか、水が少なくて硬い感じに炊けてしまったということもあるのではないかと思う。

ついでながら、米は粒のまま食べる代表的な粒食の食品であるが、中にはこれを粉にして食べる文化もある。南中国からインドシナにかけての地域には、米の粉で作ったビーフンのような麵《めん》が豊富にあるし、米の粉を水に溶き薄く延ばして作るライスペーパーも春巻の素材として欠かせない。日本でも米の粉は団子にもするし他にもさまざまな用途に使われる。

米といえば酒を連想する人も多かろうが、これについては他に優れた書物がたくさんあるのでここでは詳しくは触れずにおこう。ただ、ウルチ米とモチ米が違った種類の酒になったことだけは書き記しておこうと思う。ウルチ米は日本の清酒や米焼酎《こめじょうちゅう》の原料として使われる。一方モチ米のほうは、味醂《みりん》や白酒《しろざけ》の原料になるほか、沖縄の泡盛や、これとよく似たインドシナ山岳部のどぶろくや、さらには蒸留酒の原料にもなる。中国の紹興市一帯(浙江省)で作られる紹興酒も、今はウルチで造られることが多いが、もともとはモチ米で造られていた。

縄文の米はウルチ？　モチ？

さて日本の米は、このデンプンの性質に関してどう移ろいをみせたのであろうか。現在の米の消費をみると、ほとんどがウルチなので、縄文時代以来の米がウルチであったかのように思っている人が多いと思う。一方、太古のイネがモチであったと主張した人も少数ながらいた。だが実はウルチとモチのどちらが早く渡来したのか、太古の米がウルチ、モチのどちらであったのかを指し示す証拠はまったくといってよいほどない。

考古学の本などには、蒸し器を思わせる土器が相当後《あと》にならないと出てこないことを根拠に、蒸して食べるモチ米もあとの時代の産物と考える向きが強い。だがそれはどうだろう。米を蒸すのに、蒸し器のような特別の道具はかならずしも必要はない。円筒形の深い土器に木などの中敷をおき、その上に木の葉などでくるんだモチ米をおくだけでよい。これはもちろん単なる想像で何の根拠をもつものでもないが、こういう想像もまた楽しい。米といえば炊飯、というのはたしかに今の世では常識ではあるが、この常識が二〇〇〇年も前から常識であった保証はどこにもないのである。

私はさまざまな理由から、縄文の米はモチ米であった可能性が高いと思っている。その理由のひとつは、もし縄文時代にイネが運ばれたとするなら、それは照葉樹林文化の一要素として選ばれてきた可能性が高いが、照葉樹林文化はねばねばを好む文化であり、モチ性の胚乳をもつ穀類を多く栽培してきたことにある。第二の理由は、熱帯ジャポニカの多くがモチ米だからである。熱帯ジャポニカの分布域は、インドシナ山岳部などアジア大陸奥地、フィリピンからインドネシアにかけてのアジアの熱帯島嶼部、それに欧州やアメリカ大陸とたいへん広いが、その中心部は何といってもインドシナ山岳部である。そしてここに分布する熱帯ジャポニカの圧倒的多数がモチ品種である。さらにジャポニカの祖先となった野生イネがモチ性デンプンをもっていたと考えて何の矛盾もないことも指摘しておきたい。この問題はこれだけで何冊かの本になってしまうほど奥が深いが、太古の米がウルチであったと断じてしまう理由は何もないということだけは強調しておいてよいと思う。

もっとも、モチ米を蒸すといっても、その時代の米の生産量を考えると米単独を蒸す今のおこわのようなものがあったとも思われない。中には米ばかりか雑穀も混じっていただろうし、他にも燻製《くんせい》にした魚や肉なども入っていたことだろう。秋にはクリやクルミを混ぜたかもしれない。つなぎにはドングリやイモなどからとったデンプンを入れたに違いない。その流れは多分、モチ米にブタ肉や様々な野菜を入れて作る「中国ちまき」へと続いているのかもしれない。

第二章　イネと稲作からみた弥生時代

話があわない

イネと稲作の断絶

私たち現代に住む日本人の一般常識に従えば「イネといえば水稲」、「稲作といえば水田稲作」である。「イネの渡来」は水稲の渡来を意味し、「稲作の渡来」は水田稲作の渡来を意味していた。ところが縄文のイネと稲作はこの常識の外にあるイネと稲作である。それらはどこへ行ってしまったのだろうか。熱帯ジャポニカのイネや焼畑の稲作は、明らかに現代の水稲（温帯ジャポニカ）や水田稲作とは系譜を異にする。縄文のイネや稲作はいつの時代にか消えてしまったのである。

これまで、渡来人にもたらされた水田稲作の技術や文化、それに温帯ジャポニカと分類される水稲は、縄文時代の終末期ころから弥生《やよい》時代の早期にかけて日本列島に渡来し、それ以来日本列島には水田の生態系と水田稲作文化が定着したものと考えられてきた。

この考えに従って簡単な年表を作ると次頁の図のようになる。この図のように、縄

旧来の考え方

縄文時代	弥生時代
水陸未分化（粗放）稲作 熱帯ジャポニカのイネ	水稲と水田稲作の渡来 現代に通じるイネと稲作

本書の考え方

縄文時代	弥生時代
水陸未分化（粗放）稲作 熱帯ジャポニカのイネ	水田稲作の技術 焼畑的稲作の継承 熱帯ジャポニカのイネを継承

「イネの日本史」

文時代のイネと稲作は、弥生時代に渡来した水稲と水田稲作という現在のイネや稲作の直接の祖先にとって代わられ、今にその血を伝えるには至らなかったということになる。縄文稲作の存在は肯定されるようにはなったが、弥生時代のそれとの間に大きな断絶があると考えられている。縄文時代と弥生時代とが、イネ、稲作という要素からみてもはっきりと異なる二つの時代だという認識に今も変わりはない。

ところがこの数年、この断絶がそれほど大きな断絶ではなかったことを示すデータが次々と出てくるようになってきた。それらをみていると、弥生時代がイネと稲作に関して歴史上の画期であるというのが一種の幻想ではなかったかとさえ思えるほどである。

田舎館村を訪ねて

「話があわない」

ちょっとした発見はいつも、「話があわない」出来事に出くわすことに端を発する。この時もそうだった。

前項に書いたような、今までの歴史観がただしいならば、水田の構造を伴うような典型的な弥生時代の遺跡からは水稲、つまり温帯ジャポニカが出るはずである。ところが、青森県田舎館村《いなかだて》・高樋《たかひ》III遺跡といわれる遺跡から出てきた一粒の炭化米が、熱帯ジャポニカの反応を示したのである。高樋III遺跡は、第一章に紹介した垂柳《たれやなぎ》遺跡に隣接する、やはり弥生時代を代表する遺跡のひとつ。そして熱帯ジャポニカといえば縄文時代の伝統を受け継ぐイネである。いったいどうなっているのだろうか。詳しい事情を説明しておこう。

青森県田舎館村。八甲田山系が西に延ばした裾《すそ》の先端あたりに位置するこの村は人口九三〇〇余人（二〇〇二年）と小さいながら、考古学ファンの間では名のとおった村である。日本で最初にみつかった水田の跡をもつことでつとに知られた垂柳遺跡をはじめ、それに隣接する高樋III遺跡からは田植えをした親子のものと思われる足あとなどもみつかっている。

村には、決して大きくはないが、よく整備された歴史民俗博物館もおかれていて村から出た考古資料などがきちんと整備され展示されている。私がここを初めて訪れたのは一九九六年の夏の盛りであった。青森が誇る三内丸山《さんないまるやま》遺跡の岡田康博さんや岡田さんの先輩で青森市教育委員会の遠藤正夫さんから、

「あなたはイネの先生なのだから一度みておいてはどうですか」

と勧めていただき、研究室の学生たちと連れ立って出かけたのであった。

資料館では、恰幅《かっぷく》のよい、そこぬけに明るくておもしろい木村護栄館長が館内をいろいろと案内してくださった。展示された遺物の中には炭化米も含まれている。その前にさしかかったとき、木村さんはふいに、これくらい黒くなったコメからでもDNAがとれるものかと聞かれた。私は、土の中にあったときの条件にもよるので一概にはいえないが、場合によってはとれることもある、と答えたのだが、実はそれは婉曲《えんきょく》ながら、木村さんからのDNA分析の勧めであった。炭化米は高樋III遺跡出土のものである。この「有名遺跡」のひとつである高樋III遺跡の米粒の分析をことわる手はない。私はやってみることにした。

高樋III遺跡からは見事な水田あとがみつかっている。その様子は、今は新装なった資料館の室中に発掘当初の姿をとどめたかたちで保存展示されている。展示室のドア

高樋III遺跡の展示室の様子
（手前が田面、奥がバルコニー風のデッキ）

を開けると、そこは田面《たも》より高くなったバルコニー風のデッキになっていて照明を落とした展示室の全体を見渡すことができる。デッキからは展示室を囲むように回り廊下がしつらえてあって、その壁面にはさまざまな展示が並んでいる。廊下にはゆるい勾《こう》配《ばい》がつけられていて、展示をみながら歩いて行くとデッキの対面で田面に降り立つことができるようになっている。巧みな照明と演出のせいだろう。そこに立って足元を見渡せば当時の田の様子を思い描くことができる。秋ならば、目を閉じれば目蓋《まぶた》の裏にたわわに稔《みの》った稲穂が黄色く色づいているようにみえるのだった。

　このような情景からは高樋III遺跡のイネは水稲、つまり温帯ジャポニカのはずであった。資料館の水田の展示は新しいものだが、それまでに出されたさまざまな資料や出版物は、この遺跡が典型的な弥生時代の遺跡で、多くの水田を伴うものだということになっている。出てくるイネも当然水稲、つまり温帯ジャポニカのはずである――何も疑うことなく私もそう思っていた。

葉緑体のＤＮＡをとる

高樋III遺跡の炭化米を手にした私はさっそくそのＤＮＡ分析にとりかかった。一粒の炭化米からどれくらいの確率でＤＮＡがとり出せるか。それは、出土した米粒の土中の状態によってさまざまに異なるが、何らかのデータが得られればよし、ということなら成功率は四〇パーセントくらいだろうか。しかしとれるかとれないかはやってみなければわからない。ここは思いきってやってみることにした。

予想では、出てきたイネは水田のイネ、つまり温帯ジャポニカのはずである。教科書的な説明に従えば、そこは完成された水田稲作の技術をもった人びとがきちんと管理した田でイネを植えていた場所だったはずである。焼畑のような粗放な環境にあう熱帯ジャポニカを水田で植えることはもちろん可能である。だがそれは単に生物学的な可能性を指し示しているに過ぎない。水田には、その集約的な栽培にあう水稲を植

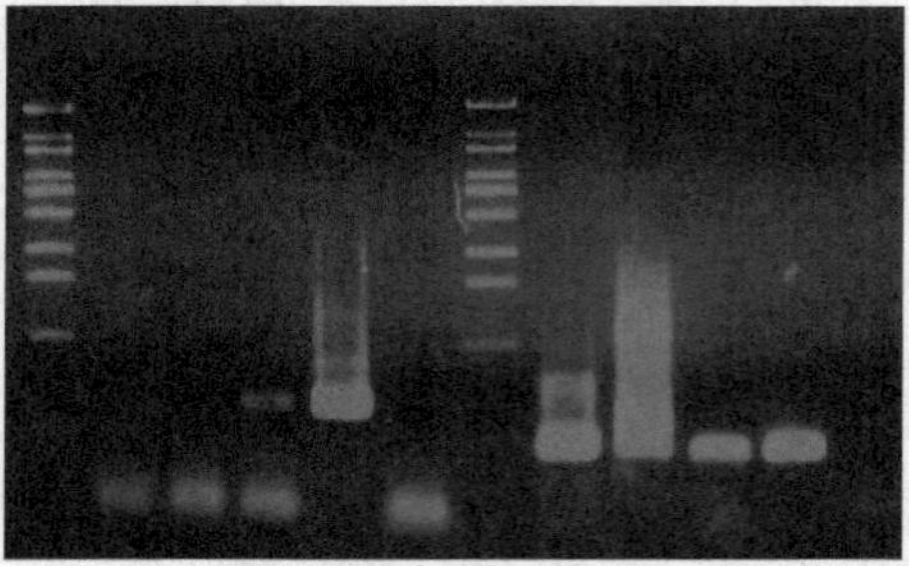

DNA がほんとうにとれているかを確認した PS-ID 部分の電気泳動写真。図の下に付した番号はレーン番号。1＝DNA 断片の大きさを示すマーカ。2〜4＝高樋Ⅲ遺跡の炭化米。5＝対照とした「台中65号」（現存）。6＝コンタミをチェックするレーン。7＝マーカ。8から12＝レーン2〜6の DNA を再度増幅したもの。再増幅にあたっては少し短い断片が増幅されるのでバンドの位置が低くなる。Sato（2002）より。

えるほうがずっと合理的と思われるからである。

さて分析の手順として、第一章に書いた葉緑体DNAを分析するのがよいかそれとも核DNAを分析するのがよいか。いろいろ考えたあげく、私は葉緑体DNAの分析を先に進めることにした。まず定法に従ってDNAをとり出す。この段階ではまだDNAが本当にとれたかどうかはわからない。次にDNAの特定の部分だけをPCR法という方法で増幅させる。この時に葉緑体のPS-ID領域を増幅させようか、核DNAの、熱帯ジャポニカと温帯ジャポニカを区別する領域を増幅させようかなどを決めるのである。PS-IDの部分によってどちらのジャポニカかを判別するには、増幅されたDNAをシーケンサ（塩基配列を決める装置）という器械にかけてDNAの塩基の並び（A、T、C、G）を調べるのである。

PS-ID領域の増幅が終わったところで、電気泳動という方法を使って本当に増幅に成功しているかどうかを調べる。増幅に成功していれば、ゲル板の所定の場所に一本明瞭《めいりょう》なバンドが現れるはずである。このとき分析に使った高樋III遺跡の炭化米は全部で三粒。前頁の写真のように、このうち一粒からは明瞭なバンドを得ることができた。しかもそのバンドの位置は、対照に使った現存の品種「台中六五号」のそれとまったく同じである。さらに一回目の増幅ではバンドがみられなかった他の二粒についても、再増幅によって所定の位置にはっきりとしたバンドを認めることができた。増幅は成功しているようであった。

塩基配列の決定は大学にあるシーケンサを使って行うこともあるが、この時は塩基配列の決定を専門に扱う会社であるB社に委託した。こういう会社は一時はいわゆるベンチャー産業として脚光を浴びたが競争が激しく、最近では浮沈が激しい。それだけに正確さ、迅速さが要求されるようになっている。クライアントとしてはそこがねらい目で、正確なデータを出してくれる、しかも多少わがままを聞いてくれる——たとえば規定量より少な目のDNAでも配列を決めてくれる、などの——会社と仲良くしておこうというわけである。

ともかくこうした作業を経て、分析にかかってから三週間ほどで結果が出てきた。B社からの塩基配列のデータはフロッピーディスクに入れて郵送されて来るが、決まった部分の配列だけをみるならプリントアウトされた波形図と呼ばれるデータを送ってもらってみるのが一番手っ取り早い。

自然科学者がデータをみるとき、結果には思い入れをもたないのが普通である。もっとも何の予想もなく実験をこなすのもつまらないことなので、ある程度の予想はたてるものである。しかし思い入れがあまりに強いと、旧石器捏造《ねつぞう》のような事件を引き起こしたり、そこまでいかないにせよデータを取る地道な作業を軽視したりしがちになる。このときの私も、結果は水稲の多くがそれに属する6C7Aタイプのものになるだろうと漠然と考えていたに過ぎない。だから手に汗握る思いでデータを眺めたりもしなかったのである。

ところが届けられた波形図をみた私は思わずわが目を疑った。波形図にはCが七個にAが六個という配列が示されているではないか。何回も数え直してみたが、Cが七個、Aが六個という結果に変わりはなかった。高樋III遺跡から出土した炭化米の一粒は、7C6Aという熱帯ジャポニカに特徴的な配列をもっていたのである。最初私は何かの間違いが起きたのだろうと思った。器械だって間違いは犯す。分析の途中で、何かととり違えたのかもしれない。だが、後になって考えてみると、この時の分析はおそらく間違いではなかった。似たような事例が次々と出てきたからである。

下之郷遺跡の不思議

高樋III遺跡でのハプニングから二年を経た一九九八年の秋、大学の研究室に、滋賀県守山市の教育委員会に勤める川畑和弘さんから電話がかかってきた。発掘調査をすめる下之郷《しものごう》遺跡で多量のイネの種子が出たので、その分析をしてもらいたいということであった。

自治体の発掘担当の方々には、担当する遺跡に愛着をもち、調査にも熱心にあたられる方が多い。考古学ブームや、それを支える発見の数々もそうした調査員の熱意に支えられる部分が大きい。川畑さんもそうした熱心な調査員のお一人で、下之郷遺跡の調査に文字通り情熱を傾けてこられた。

川畑さんの説明によれば下之郷遺跡は市道の建設に伴ってみつかったおおきな環濠《かんごう》集落の一部である。近くには住宅が建ち並び、その全体を発掘することはかなわないが、道路工事の進展につれて断片的に現れた遺構の数々を繋《つな》ぎ合わせると、直径が三〇〇メートルに及ぶ集落域やそれをとりかこむ九重にも及ぶ環濠の様子がしだいに浮かび上がってきつつあるということであった。

状況は、この遺跡が典型的な弥生時代の集落であって人びとがおそらくは水田稲作などで暮らしを立てていたさまを彷彿《ほうふつ》とさせた。川畑さんのご依頼は、遺跡を取り巻く環濠と、集落域の中にある井戸らしい深い穴から出てきたいく粒かの稲籾《いなもみ》をDNAの方法で知らべてもらいたいというものであった。

「水田があるのですか」

私は問うてみた。当時下之郷遺跡の周囲には田んぼが開け、濠《ほり》に囲まれた集落には多くの渡来人たちが暮らしを営んでいたと考えるのが自然である。その田んぼの一部がみつかっていても不思議はなかった。だが、意外にも川畑さんの答えはノーであった。

高樋III遺跡の時にもそうであったように、私たちの常識に従えば、弥生時代にはいると日本列島各地には急速に水田が開かれ、列島は一気に水田列島へとその姿を変えていったことになっている。見渡す限りの水田に植えられるイネは水田稲作のイネ、水稲であると考えられていた。それは分類上温帯ジャポニカに属するイネのはずであった。下之郷遺跡から出土したイネもまた、——水田が出ていないとはいえ——温帯ジャポニカに属するはずであった。

「あまりおもしろい分析とはいえないなあ」

そう独り言をいいながら、ＤＮＡをとる作業にかかるようにアルバイトの女性たちに指示を出したのは、出土した稲籾が到着してしばらくしてからのことであった。

熱帯ジャポニカが出た

ＤＮＡ分析は、うまく行っても通常一週間程度の時間がかかる。この一週間がとてつもなく長く感じられる時とそうでない時とがあるが、その差はひとえに結果に期待がもてるか否かにかかっている。下之郷遺跡の結果が出るまでの時間は、待ち遠しいというよりは何か不安であった。もし高樋IIIのように熱帯ジャポニカが出ればどうすればいいかという不安である。

こういう不安は存外的中するものだ。案の定、結果は四割近い米粒が熱帯ジャポニカに類似しているというびっくりするものであった。弥生時代を代表するとされる遺跡の集落の中から熱帯ジャポニカが多量に出たという事実をどう考えればいいのか、私にはすとんと腑《ふ》に落ちるよい説明がみつからなかった。おりしも川畑さんからは結果を問う電話がかかってきていた。記者発表をするので、いついつまでに結果が欲しい、ということだった。これには私も困ったが、結果は結果である。まげて知らせるわけにはいかない。仕方なく私は、熱帯ジャポニカがことのほか多く出てきたこと、その頻度が環濠から出たものと井戸から出たものとで違う可能性があること、などを説明した。

川畑さんは、人あたりの柔らかなおだやかな物腰の感じのいい人なのだが、こと遺跡のこととなるとちょっと人が変わったようになり、なかなか強情でだまって後には引かないところがある。

「熱帯ジャポニカがたくさん出たって、そのことの意味をどう考えたらいいですかねえ」と表現は柔らかいながらも痛いところをついてこられる。こっちが知りたいくらいなのにと思いながら、でも熱帯ジャポニカをいい出したのはこちらのほうなので、

「わかりませんねえ」とそっけなく答えるのもなんとなく気が引ける。

「記者の人もそこがわからんというてはるんで、きっと先生のところにいくつか問い合わせがいくと思いますけど」

という川畑さんの電話のとおり、市役所の発表が終わるやいなや在阪の記者たちからの電話攻撃が始まった。

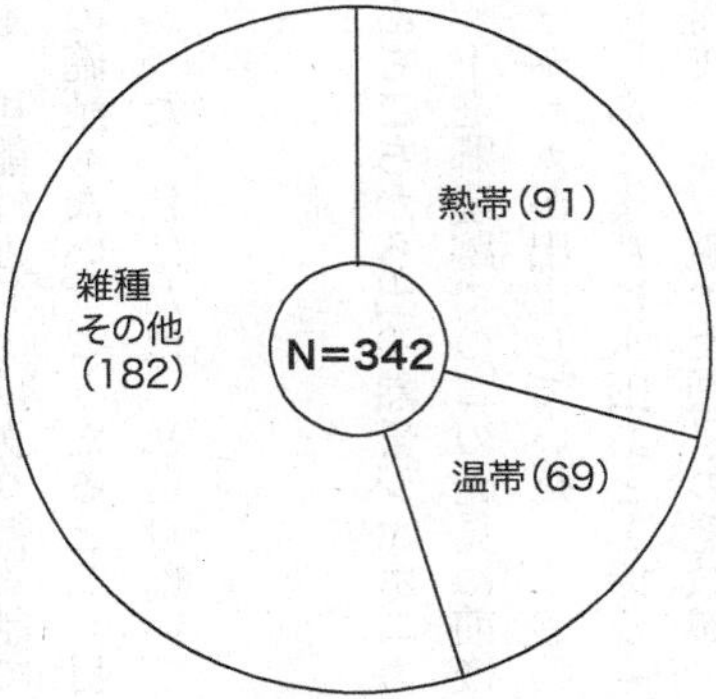

出土炭化米のうち、熱帯ジャポニカ、温帯ジャポニカの割合
(花森功仁子氏による)

質問は二つの点に集中していた。熱帯ジャポニカが出た(もちろん温帯ジャポニカも出ていた)ことを事実として認めるとして、二つのジャポニカは混ぜて植えられていたのかあるいは完全に別にされていたのか、ということ。それとももうひとつは今回の発見の意味は何か、ということである。第一の質問は、下之郷で水田がみつかっていないことと関係する、確かにおもしろい問題である。下之郷遺跡の人たちは二つのジャポニカを違う場所にわけて植えていたのだろうか。それとも種類の違いなどお構いなく、二つのジャポニカをまぜこぜにして植えていたのだろうか。あるいは、渡来人と考えられる彼らと周囲にいたであろう縄文人た

ちとの間に接触があって、縄文人の手になる熱帯ジャポニカが運んでこられたとも考えることができる。または、下之郷の人たちがまわりに住む縄文人たちを支配していて、いわば献上品として熱帯ジャポニカの収穫物を受け取っていたというようなことも、可能性としてはあり得る話である。などなどと想像は巡らせるのだがなにしろ何の確証もない。こうなると二つ目の「発見の意味」など、まともに答えられようもなかった。私はただ「私自身驚いています」という、何とも気のきかない返事に終始した。

あちこちから出る熱帯ジャポニカ

下之郷遺跡でのこの発見に前後して、他のいくつかの弥生時代の遺跡からも熱帯ジャポニカが出土していた。二〇〇一年の春現在、弥生時代の遺跡で、環濠に囲まれた住居あとまたは水田あとを伴うものから全部で五〇個ほどの熱帯ジャポニカの種子を得ている。調べた種子の総数が一二〇個だから、全体の約四〇パーセントという高い割合である。ということは、下之郷遺跡が特別なのではなくて、この時代の日本列島のおおかたの場所では同じような状況にあったことを示す。

また熱帯ジャポニカの割合が特別高い地域や低い地域があるようにもみえない。また、前頁の図には表されてはいないが、熱帯ジャポニカの割合が、弥生時代のはじめのころと終わりのころとで違っているようなこともない。要するに熱帯ジャポニカが混ざっているという事象は、時期や場所によらず普遍的なのである。

もっとも右のような推定に対し、九州の遺跡が少ないことを指摘する意見もある。九州、とくに九州北部では弥生時代の水田あとや遺跡そのものが他の地域よりはずっと多く、栽培されていたイネの種類についても他の地域とは違うはずだ、というわけである。おもに考古学者から出されたこの意見は貴重であるので耳を傾けることにして、九州北部の弥生時代のイネの性質については急いで調べてみることにしたい。

とにかくこの時点ではっきりしていることは、イネに関しては弥生時代が始まってから急速に温帯ジャポニカが広まったとはいいにくい状況にあるということである。確かに、水田が登場するまでは水稲はなかったに違いない。水稲は、水田稲作とともにやってきたことは間違いあるまい。だがその水稲が、熱帯ジャポニカという縄文以来のイネを排除したかといえば決してそうではない。この事実は——その理由がなんであるかはともかくとして——今までの弥生時代のイネ観を大きく揺るがすものであることを示している。

水田は急速に広まったか

発掘事例の増加

一九四三年の登呂《とろ》遺跡（静岡市）の発掘以来、水田あとは各地でみつかっている。とくにプラントオパール分析の普及によって精度の高い発掘が可能になった一九八〇年代からはその件数も急速に増え、今では弥生時代には、北海道と南九州以南の地域を除いた日本列島の全域で水田化が急速に進んだと考えられるようになってきた。逆にいうとそれほどまでに、水田の検出の事例が増加したのである。こうした事実を単純に理解すれば、弥生時代以降の日本列島の人為生態系は――北海道と南九州以南や特別な地域を除いて――まさに水田が優占する土地であったかのように考えるのも無理はない。しかし前節に書いたように、遺構や壊れにくい遺物はものによっては一種の積分値として私たちの目の前に現れる。弥生時代に水田の遺構が急速に増えたという事実は、その土地の全面が継続的に水田として使われていたことを意味するとは限らないのである。むしろ多くの場合、いったんはイネを植えられたことがある、というほうが適切なのかもしれない。

そうだとすれば弥生時代に水田稲作が一気に普及したというのは一種の幻想に過ぎず、実態はむしろ開田しては廃絶し、また新たな土地を田に開くということをくりかえしていたのではないかとさえ考えられるのである。

こうした考えを肯定する考古学者も少数ながらおられる。堅田直《かただただし》さん（帝塚山考古学研究所）は水田には寿命があるとした上で「もとに返す術が無い限り廃田にして放棄せざるを得なかった」（『古代の水田を考える』帝塚山考古学研究所、一九九四年）と述べ、当時の「水田」が営々と続いたわけではなかったと強調しておられる。もっとも堅田さんは「水田」の廃絶を現代の老朽化水田、つまり鉄、マンガンなどの微量元素の欠乏に求めておられる。二〇〇〇年も前の「水田」に老朽化があったかどうかはわからないが、私は耕作の放棄はイネを作りつづけることによる地力の低下、雑草の増加など生態的要因にもよると考えたい。

花粉分析の結果から

水田を含む生態系にこうも多く廃絶された水田があったのかといぶかしくお考えの

方も少なくないであろう。確かに今まで、日本列島は——よほどの山岳部か北海道と南九州を別とすれば——、二〇〇〇年このかた水田に覆われてきたと固く信じられてきたのである。その考えを放棄することが容易であるとは私も思わない。

しかし現代的意味での水田がそうも広がっていたとは思われないもうひとつのデータをおみせしよう。先に紹介した花粉分析の結果がそれである。

もし弥生時代以降、現在のような水田が急速に広まりをみせたのなら、その結果は当然花粉分析にも反映されるはずである。まず木本の花粉より草本の花粉が総体的に増加し、中でもイネの花粉がさらに増加するはずである。ところが花粉分析では必ずしもそうした結果が得られないことがある。たとえば金原正明、正子夫妻らが大阪府の池島・福万寺遺跡で行った環境の変遷の調査結果がそうである（金原ら、「池島・福万寺遺跡IFJ95-2調査区の花粉層序と植生と環境の検討」、「池島・福万寺遺跡発掘調査概要」XXI、一九九八年）。この遺跡は大阪府の河内平野に位置する遺跡で、縄文時代から平安時代にかけて断続的に生活痕《こん》が認められる。調査報告書に書かれた弥生時代の遺跡周辺の環境を私なりに読み解くと以下のようになる。まず縄文時代にはカシを中心とする照葉樹林と草原ないしは湿性草原がくりかえし現れる環境にあった。縄文時代の晩期から弥生時代の前期中頃にはわずかに水田も現れ、稲作が始まったことがわかる。弥生時代前期に入ると遺跡のあたりは沼地の様相を呈していたが、中期ころにはいったん乾燥したものの再び沼地と水田が拡大した。後期にはいると洪水が頻繁に起こり森林が減少した。遺跡の周辺では水田開発が引き続いた。

要するに、遺跡周辺の環境は、縄文時代の終わりころから弥生時代にかけて、乾燥した環境と湿った環境とがくりかえし現れ、またそれに伴って森林も増えたり減ったりしたことがわかる。また平地には、沼、森、水田などが並存するなんとも雑多な環境にあったことがわかる。いずれにせよ弥生時代の全時期を通じて、「河内平野全域が水田」という環境にはなかったのである。

休耕田がある⁉

曲金北遺跡の不思議

下之郷遺跡とかかわりをもつようになる三年ほど前、一九九五年の秋のことであった。当時、静岡県埋蔵文化財調査研究所におられた佐野五十三《いそみ》さんから「曲金北《まがりかねきた》遺跡という遺跡から、とんでもなく広い水田がみつかっているけど、みに来てはもらえないだろうか」というお電話を頂いた。遺跡は幸いにも、大学から車で数分の距離にある。私はすぐにお邪魔して遺跡の様子をみることにした。現場には調査員の及川司さんも待機していてくださり、遺跡の詳しい様子の説明を受けた。

曲金北遺跡の調査のことは以前『DNA考古学』（東洋書店、一九九九年）にも書いたが、その経緯も含め、もう少し詳しい説明をしておきたい。

場所はJRの静岡駅から二、三キロ東京寄りの静岡平野の真ん中にあり、天気がよければ富士山も見渡せるほど見通しがよいところである。曲金北遺跡からは、奈良時代と平安時代の東海道、古東海道がみつかって話題をさらっていた。水田は古東海道の真下からみつかったのである。

水田の総面積は約五ヘクタール、中規模の野球場が二つも入る大きさである。時代は古墳時代。一六〇〇年ほど前のものという。そこに一区画の面積が数平方メートルの小さな水田がびっしりと広がっている。区画の総数は約一万。壮観であった。区画のほとんどすべてからは、イネのプラントオパールが出て来ていた。状況は一万に及ぶ区画のすべてが水田であったことを示していた。この時点で多くの人が、富士山を望む広大な平野に見渡す限りの水田が広がる風景を思い描いた。

だが、「農学」という学問にかかわる私には、この説明はどこか腑に落ちなかった。私の隣の研究室には、「自然農法」といって化学肥料も農薬もやらない農法を研究する中井弘和先生がおられ、さかんに無農薬、無（化学）肥料での農業の重要性を説いておられた。自然農法は魅力ある農法である。環境に与える負荷は小さいし、だいいちその農産物を食べる私たちの健康にもよい。良さがわかっているのに自然農法がなかなか広まらないのは、肥料や農薬をやらない農業が相当の手間と困難を伴うことを如実に示している。大昔の農業に関心のある私は、中井先生の自然農法の話を興味をもって聞いていた。大昔の農業が「自然農法」だったに違いないからである。二〇〇〇年も前の人びとは、無肥料無農薬の条件でいったいどうやって栽培を続け収穫を得ることができたか。それはたしかに不思議であった。

水田での稲作の作業の中で、一番骨がおれる作業は草取りである。草取りは今でこそ除草剤のお陰で重労働でなくなったが、除草剤が開発されるまではもっとも過酷な農作業のひとつだった。暑いし湿度は高い。元気に伸びたイネの葉は多量の珪酸《けいさん》を含み、その縁はガラスのように鋭い。それをかき分けての草取りで、腕や首筋には無数の切り傷ができる。とがった葉先が目をつくこともしばしばである。さらに、イネを踏みつぶさないように、水の張った地面を這《は》いずり回るようにして草を取る姿勢は腰や背中に負担をかける。

一六〇〇年前、当時の曲金北遺跡の周辺の人びとはどのように草取りをしたのか。人びとは、その当時から勤勉でまじめだったのか……。ほかの農作業のことも考えれば、数ヘクタールに及ぶ大水田を管理するには相当数の人口が必要である。それに、広大な水田から得られるコメの量も半端ではない。仮に当時の収量を一ヘクタールあたり二〇〇〇キログラムとしよう（二〇〇〇年現在の日本における収量はざっと五一八〇キロ）。総面積五ヘクタールからとれるコメの量はざっと一万キログラム。しかも、発掘された面積は五ヘクタールだけでも、その周囲にまだ水田は広がっていたと思われる。

だからとれ高もこれを上回っていたことはたしかである。もしコメばかりを食べるとすると大人一人が一年に食べるコメの量はざっと一五〇キログラム。昔の一石《いっこく》（一斗を一五キロと換算）である。だから一万キロのコメはどんなに少なく見積もっても七〇人ほどの人口を支える十分な量のコメとなる。しかし古墳時代、そうもたくさんの米が消費されただろうか。何かが変だ——私はそう思った。

雑草種子を拾う

いったい何から手をつけていいものやらさっぱり見当もつかないながら、私は、当時の水田にはどれくらい雑草が生えているのかを調べてみようと思った。これまでにも、当時の水田の土壌から水田雑草の種子を検出した例は知られていた。岡山大学におられた笠原安夫さんはそのパイオニアとして著名であった。笠原さんたちの研究によれば、弥生時代ころの水田から出てくる雑草の種類は今の水田雑草とほとんど同じであるという。つまり水田雑草についていえばこの二〇〇〇年間あまり変化はないともいえる。だが私の興味は雑草の種類よりもむしろ量のほうであった。

一万枚にも及ぶ水田のすべての土を調べるのは現実的ではない。そこでこの広い区画に縦・横の仮想線をひき、その線上に乗る九七区画の水田から土をとることにした。採取した土は区画ごとにふるいの上で丹念に洗い、出てくる種子をこまかなものまで拾い上げて管ビンにいれる。ある程度まとまったところで種類ごとにわけ、それぞれの種を同定する。実に根気の要る地道な作業をこなされたのは、この研究を卒業論文のテーマにされた豊田幸宏さんであった。

私も豊田さんも、水田の雑草種に関しては素人である。わかるものはわかるが、わからないものはわからない。だが幸いにも、どの区画からも不変的に出てくるようなメジャーな雑草の種類は限られていて、たいがいのものについては同定ができた。むろん最終的には専門家の助言を仰いだ。また、ヤナギタデの場合には外見上区別がつきにくい種《しゅ》があるため、出土した種子からDNAをとってそれが真にヤナギタデであることを確認した。こうした準備を終えて、いよいよ出土する雑草種子の数を区画ごとに数えてみることにした。実は土を洗う作業をしている間からわかっていることがいくつかあった。たとえば、区画によってたくさんの種子が出たり出なかったりした。ある区画からは、数えるのがいやになるほどの種子がどの種についても出たのに、別の区画からは何の種子も出なかった。不思議なことに種子がたくさん出る区画は地図の上でひとところに固まる傾向があった。

イネはそんなにも植えられていたか

では、種子がたくさん出る区画では、どれくらいの数の種子が出たか。計算やこまかなプロセスは省略するが、もっとも多くの種子が出た第八二区画ではその総数は四万個を超えた。もっとも数の多かったのがヤナギタデ。全体の九割がそうであった。

一平方メートルに三万五〇〇〇個に達するタデ種子が残った状況を復元してみよう。一株のタデに何粒の種子がつくかを正確に推定するのは簡単ではないが、今仮に一株あたり五〇〇個と見積もっておこう。すると三万五〇〇〇個の種子は平方メートル

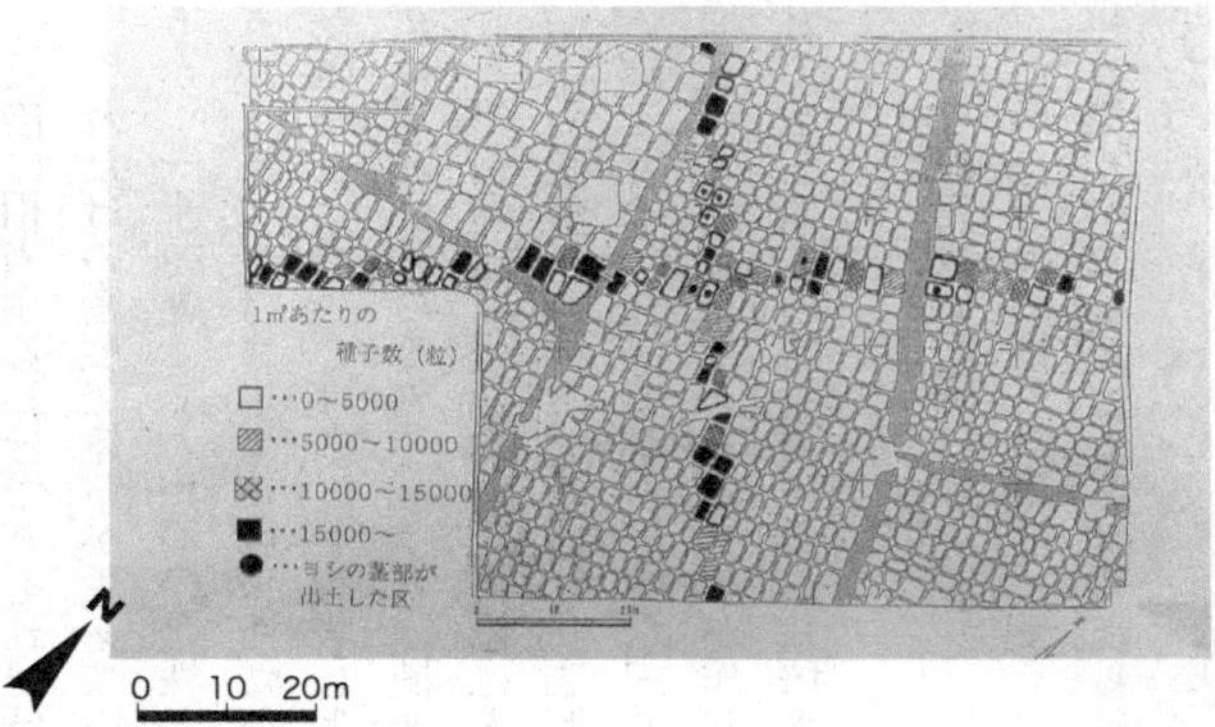

曲金北遺跡の雑草種子の出かた（十字形の九七区画について調査）

あたり七〇株に相当する。つまり約一二センチ四方に一株の割合でタデが生えていた勘定になる。タデの他にも数種の草が生えていたわけだから、いわゆる雑草全体の密度はもっと高く、平方メートルあたり一〇〇株を超えていた可能性もある。

ちなみに現在の水田にどれだけの雑草種子が残っているかを調べてみると、平方メートルあたり四二〇個という値が出た。また私の研究室が静岡市の登呂遺跡の水田あと地に借りている水田での値は一六〇〇個であった。この水田は、当時のイネの収量の復元に使ったもので、もちろん肥料も、除草剤を含めた農薬も与えてはいない。だから田んぼの中は相当草だらけのイメージがぬぐえないほど雑草が繁茂する。四万個という数字は実にその二五倍に相当するわけで、それだけでいかにすごい量であるかがわかる。

これだけの密度で雑草が生えていた環境に、はたしてイネが栽培されていたであろうか。一平方メートルに一〇〇株もの雑草が生えれば、──雑草の種類にもよるだろうが──イネはまともには育たない。というよりはこれだけ高密度に雑草が生えていた区画には人びとはイネを栽培しようとは思わなかったであろう。私はこれらの区画には遺跡廃絶のその年、イネは植えられていなかったものと判断した。

一平方メートルあたり四万個はともかくとしても、全部で九七の区画のうち、雑草種子の量が平方メートルあたり二万個を超える区画は一九区画もあった。反対に少ないほうでは、登呂遺跡の復元水田の値一六〇〇を下回る区画が一二区画あった。雑草種子がいくらを超えればイネが作れないかを割り出すことは難しいと思われるが、それでも相当数の区画でイネが栽培されていなかった可能性があることはたしかである。

イネを植えない区画

だが、この観察の結果は、すぐには信じて貰えなかった。考古学の立場からいえば、せっかく発掘した田んぼが草だらけなどという不名誉な結果よりは整然とならぶ水田であったというほうが見栄もいい。やはり、ほとんどすべての区画から稲のプラントオパールが出ているという事実が大きく立ちはだかっていた。ちょっと考えると草ぼうぼうであるという事象とイネが植えられているという事象とは二律背反的で、一方が立てば他方は当然成り立たないように思える。だが、プラントオパールが出ているというのが事実であるなら、多量の雑草種子が出ているというのもまた事実である。私は頭をかかえてしまった。

思考が堂々めぐりをくりかえしていたとき、私はふとヨシの茎がたくさん出た区画群があったことを思い出した。それはなぜだろうと私の頭にひっかかっていたのだが、明快な理由づけはできずにいた。ヨシの区画群を思い出したことがブレイクスルーとなって、止まっていた思考が動きだした。ヨシが生えていたということは、水位が上がるなどしてそれまで田んぼだったところに新たにヨシが生え始めた状況をさし示す。ヨシが生えていたところの水位が下がって新たにイネを作り始めたのなら、ヨシの遺体は分解され残らないはずだからである。つまりヨシとイネは同時期に混在していたのではなくて、異なる時期に生息していたと考えられるのである。だとすれば、イネと雑草の問題も同じように考えることはできないか……。つまりイネが生えていた時期と多量の雑草が生えていた時期が違う可能性がありはしないか……。頭の中で、ひとつのイメージがゆっくりとできあがりつつあった。かつて田としてイネを植えていた区画が、何らかの理由で放棄されて草ぼうぼうになる。するとある一定のエリア内には水田として使われている部分と耕作が放棄された部分とが交錯するようになる。それは、幾年も前から見続けてきたラオスの焼畑での稲作と基本的な構造を一《いっ》にするものであった。耕作と休耕をくりかえす焼畑のやり方。それが古墳時代の水田にも残されていたと考えることはできないだろうか。

曲金北遺跡の場合に戻って考えると、雑草種子が少なくかつヨシの遺体もなかった区画は水田が廃絶する寸前までイネが植えられていた区画と考えられる。117頁の地図の両端近くにある区画群では雑草種子の密度が高いので、このあたりは草がぼうぼうに生えていたのだろう。一方、地図では下のほうの区画群にはヨシの茎などが多量に出た区画が固まっている。

後になって、私はこう総括してみた。プラントオパールは土壌中に長く残存するから、その土地で一定の期間稲作が行われれば他の期間がどうであれプラントオパールは検出される。残りの期間どんなに長く稲作が行われていなくとも、そのことはプラントオパールの量には影響しない。つまりプラントオパールの有無はいわば積分値なのである。一方種子やほかの遺体は、その土地が洪水などの突発的な事件で埋もれてしまう直前の姿をとどめている、いわば微分値のようなものである。プラントオパールが描き出す昔の姿と、種子などが描き出す昔の姿とが矛盾してみえることは以前からしばしばあった。が、中には今回のケースと同じようなケースも含まれていたに違いないように私には思われる。

水稲は多量には来なかった

水稲はやってきた

現在の日本列島に栽培されるイネ品種はそのほとんどが温帯ジャポニカである。「ほとんど」と書いたのは、インディカの血を濃く受け継いでいる品種が若干栽培されているのと、各地で「古代米」などと称して栽培される品種の中に熱帯ジャポニカの血が混じったものがあるからで、日本列島は商業ベースで考えれば北海道から南西諸島まで、実質的には温帯ジャポニカの単作地域であるといって差し支えない。

イネは日本列島には自生したことがないので、この温帯ジャポニカは、ある時、あるところから渡来してきたことは間違いのない事実である。ではそれはいつどこからやってきたのか。次の疑問は当然そこに行きつくことになる。これについて品種改良の専門家であった安藤広太郎さんは「現在日本に栽培される品種と極めて類似の品種が中国大陸の東部、いわゆる江南地方にある」ことを根拠に、日本の水稲品種は江南地方から海を渡って渡来したものと考えた。またその時期についてははっきりした証拠はないとしながらも弥生時代のことであろうとした。一九四九年のことであった。

安藤さんの時代には「温帯ジャポニカ」の呼称はなかったので彼がこの用語を使わなかったのは当然として、これが日本列島への温帯ジャポニカの渡来について、自然科学的な根拠をもとに立てられた最初の仮説であった。これ以来日本では水稲品種、つまり温帯ジャポニカが弥生時代に中国大陸から渡来したとの説が一般的になった。ただし渡来の経路に関しては海を渡って直接来たと考える研究者より朝鮮半島を経由して渡来したという説をとる研究者のほうがずっと多い。

いずれにしてもこの時から、水稲つまり温帯ジャポニカは、弥生時代ころに海を越えて日本列島にやってきたと考えられるようになったのである。

SSR領域の多型

DNAは、遺伝情報の担い手で、四種類の塩基（A、T、C、G）の塩基の並びによって必要な情報を書き表している（遺伝情報をコードしている、という）。情報を書き表すには、三つの塩基が一セットになって二〇種類のアミノ酸の並びを決めている。このアミノ酸が三次元的に並んでできる高分子が生命現象の基礎となるタンパクである。だから元をただせば、三文字単位の塩基の並びがタンパクの性質を決めるのに決定的に重要な働きをしていることになる。だから、遺伝子としてのDNAの性質を解き明かすには、「三文字法則」を肝に銘じなければならないことになる。

一方DNAには、何の遺伝情報も伝達しないのりしろのような部分が存在する。遺伝子の働きとか暗号の意味などに興味がゆくと、こののりしろの部分などどうでもよい部分になって見向きもしなくなるのだが、進化に興味をもちだすとこの部分の配列が実におもしろくなってくる。「のりしろ」の部分を何気なく眺めていると、Aだけがやたらとつながった部分だとか、TAが何回も何回もつながった部分だとか、およそランダムとは思えない配列が結構みつかってくる。三文字法則からみればくだらないことのように思えるが、くだらないことこそおもしろいのが人の世のならいでもある。おもしろくない授業を聞くに堪えなくて、いったいこの先生は一分の間に何回、「えー」とか「そのー」という間投詞を連発したか数えてみる、などというばかばかしい遊びをした経験をおもちの方はきっと多いはずである。こうした「遊び」でみつかったのがSSR領域。AやTAなど、短い配列をシンプル・シーケンスという。シンプル・シーケンスのくりかえしがシンプル・シーケンス・リピート、頭文字をとってSSRと呼ばれることになった、というわけである。なおSSR領域はヒトのDNAにも広くみられる。ただしヒトの場合にはSSR領域と言わずにSTRと言うこともある。シンプル・タンデム・リピートの略語だが、中身は同じと考えてよい。

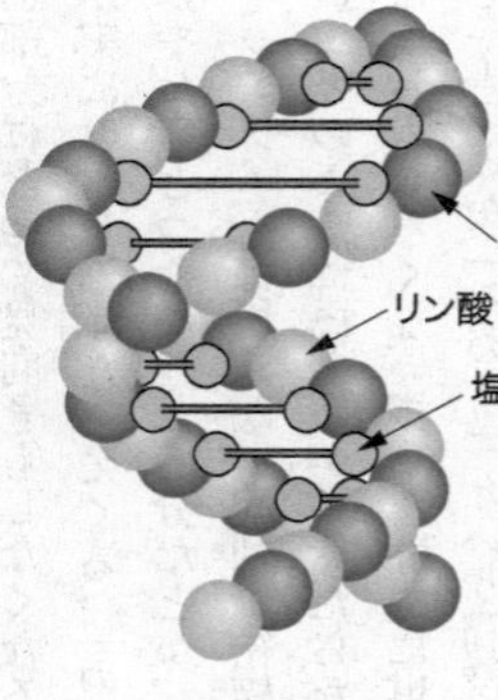

DNAの構造

SSR領域はその多くが「のりしろ」の部分にみつかるので、特別の遺伝情報をコードしているわけではないことがわかる。そのため、たくさんの個体や品種のSSR領域の配列にはやたらと変形版が多い。遺伝情報をコードしている部分の変形版の多くは何らかの異常をきたして死んでしまう。その部分の変形版は現れては消えるわけだから、結果的には変形版の種類は多くはならない。

SSRの変形版の多くは、そのシンプル・シーケンスのくりかえし数の違いという形で現れる。たとえば品種XではTAの繰り返しが一六回だったのに品種Yでは二三回になっている、といった具合である。同じイネならば、もっているDNAの量は品種によらず同じだと私たちは何となく思ってきたが、どうもそんなに単純ではないらしい。

変形版が多いことをうまく利用するとイネの品種をSSRの型（つまりくりかえし数の違い）によってきちんと区別できるようになる。SSRの変形版の種類はじつに多いので、品種ごとに違っていても不思議はない。別の言い方をするとシンプル・シーケンスのくりかえし数はしょっちゅう変化するらしいのである。そうすると「偽コシヒカリ」を売って儲《もう》けようなどというたくらみは成功しなくなる。遺伝子組換えダイズを非組換えダイズと偽って売ることも、同じようにできなくなる。

見かけで区別できない変形版

SSR多型は、ヒトでいえば血液型のようなところがあって、変形版どうしは見かけ上区別がない。ヒトの血液型についてはABO式はじめいくつもの方式があるが、どの場合にも背丈や性別、髪の色など外見上から区別はできない。A型は熱血型で行動的、などというういわゆる血液型判断がはやったりもしたが、それを信じたり信じなかったりするのは、身の周りの例がどれだけ血液型判断にあったかという経験に基づくところが大きいと思われる。少なくとも血液型によって結婚相手を決めるような人はごく一部を除いてないであろう。このように、ヒトの思惑や自然環境による淘汰《とうた》に揺さぶられない遺伝子を「中立遺伝子」と呼ぶ。

中立遺伝子が、集団の中で増えるかあるいは反対に減るか、集団が移動する時に運ばれていくか否か、などについて、ヒトが何らかの作為をもって関与することはできない。外見上区別ができないとは、こういうことである。同じく変形版の間にはどれが寒さに強くてどれが弱い、などということもないから、自然環境がSSR型をえり好みすることもない。つまりSSR多型の増減は、完全に確率の世界でのできごととなる。

見かけ上の性質だけでイネの伝わりを論じようとすると、どうしても、ヒトの思惑であるとか自然環境の変化といった、本来イネには関係のないことがらを考えに入れて議論を進めなければならなくなる。むろんイネは栽培植物であって、ヒトが作り上げたものであるから、その移動にヒトの思惑が関係していないはずはない。それに目をつぶってしまうと事実を正しくみられなくなる恐れがあるのはいうまでもない。しかし、ヒトの思惑は作為の塊である。それがいかに不可解で説明困難な事象であるかは、人であるなら誰もが痛いほど知っている。自然環境の移り変わりについてもそう

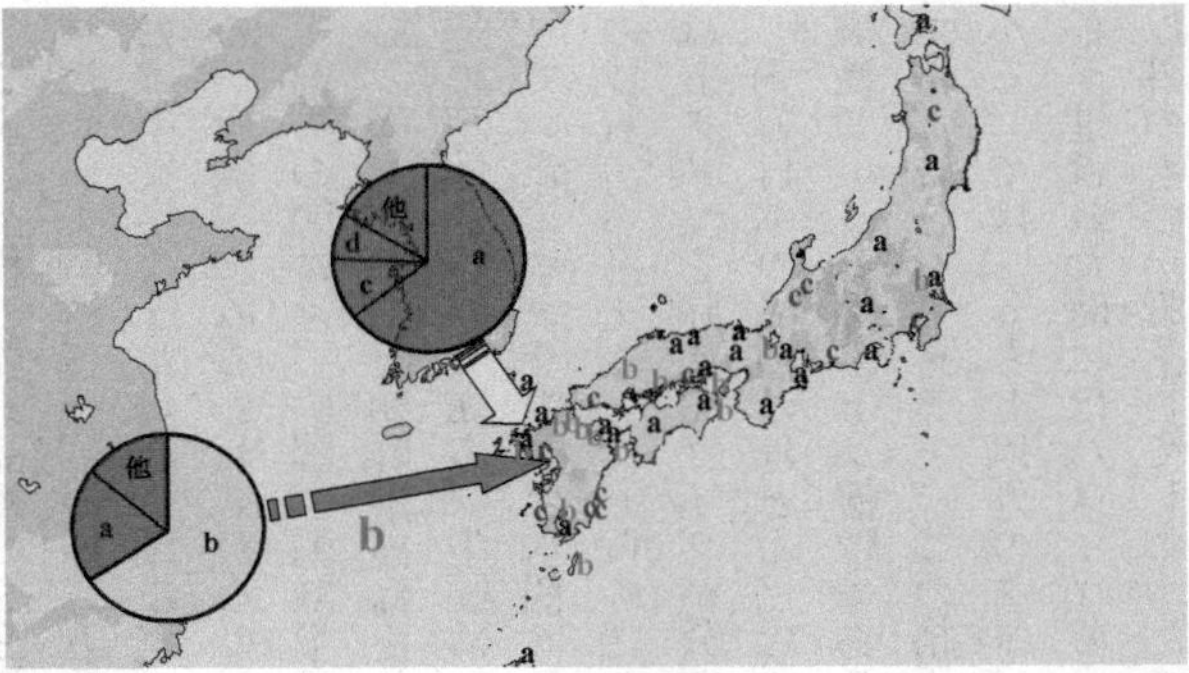

在来品種における RM1 の八つの遺伝子の分布と RM1-a および -b 遺伝子の分布と伝播（b 遺伝子キャリアは直接渡来？）

で、今乾燥してイネなど作れなくなっている地域が何千年も前から乾燥しきっていたという証拠はない。ここは、DNAとかSSR多型などを知る由もなかった昔の人びとの思惑によって運ばれたイネの無作為の痕跡を辿《たど》ってみたいと思う。

ボトルネック効果

ここからのお話の主人公は日本列島、朝鮮半島それに中国大陸の温帯ジャポニカ二五〇品種である。これらの品種はどれも、各国が組織的な品種改良を行う前から土地土地にあった品種で、在来品種と呼ばれている。その時代を日本に即していうならば江戸末期から明治時代くらいの時期に相当しよう。

二五〇品種の在来品種のSSR多型を調べてみよう。いま、RM1というSSR領域について調べると、この二五〇品種の中には八つの変形版が知られている。これらには小文字のaからhまでの字があてられている。aからhの変形版がどこに分布するかを調べてみるとおもしろいことに気がつく。

前頁の図には、中国、朝鮮半島それに日本列島における八タイプの分布を示してある。図では中国と朝鮮半島はそれぞれ一括して示したが、日本列島については在来品種の産地を示してある。中国には八タイプのすべてが、それぞれの割合こそ違え分布していた。つまり中国の水稲はRM1のタイプについてずいぶん多様である。SSRの性質から考えるとおそらくはここが水稲の故郷なのであろう。朝鮮半島にはここにはbタイプを除く七タイプが分布した。

一方日本の品種のほとんどはaまたはbに限られている。cも若干あるにはあるが、実数でいくとaとbが優位であることにかわりはない。aからhのタイプが「中立」であることを考えると、この結果はイネを運んだ人びとの好みではなかったことがわかる。では、aとb以外のタイプが日本列島にみられないのはなぜか。日本列島に水稲が運ばれた時には八タイプのすべてがあったのに、その後二〇〇〇年の間にaとb以外のものが脱落してしまったのだろうか。これも、中立遺伝子の性格からは適当な説明とは思われない。

では何が起きたと考えるのがよいか。おそらくもっとも合理的な説明は水稲が日本に来るときaとbの二タイプだけが来たというものである。運んでこられたイネの量はわずかだったことになる。もう少し詳しく説明してみよう。いま不透明な袋の中に八色のボールが一〇個ずつ入っているとする。ボールの総数は八〇個である。この袋の中に手をつっこんで二〇個を取り出したとする。もちろんボールを取り出す時には袋の中はみないことにする。さてこの二〇個のボールの中に何色のボールが含まれているだろうか。多くの場合八色すべてのボールが含まれているだろう。もっとも同じことを何度もくりかえせば中には一色が欠けるケースも出てくるだろうけれども。では今度は袋の中から八個だけを取り出すことにすればどうか。おそらく今度は八色すべてが揃うとは限らない。何回も同じことをくりかえすと、大概のケースが七色になったり場合によっては六色になったりすることだろう。

この簡単な思考実験は、もとの集団から一部を取って新しい集団を作るとき、もち出す個体の数があまりに少ないと、新しい集団はもとの集団と違った性質をもつことがある、ということを教えている。新しい集団の中でどのような性質の個体が増えるかはまったくの偶然によって支配され、それには何の法則性を見出《みいだ》すこともできない。

ただはっきりいえることは、新しい集団にはもとの集団の多様性が失われているということ、どれほどの多様性が失われるかはもち出す個体の数によること、の二つだけである。

その後新しい環境に移された新しい集団が爆発的に繁殖し個体数を急速に増やしても、失われたもとの集団の多様性はもはや回復しない。新しい集団が少数の個体から派生する時に起きるこのような現象を、集団遺伝学では「びん首効果」と呼んでいる。首の細くなった部分を通る時に大きな抵抗があることをいったもので、原語ではbottle-neck effect という。こちらのほうは何となく意味がとれるが、日本語訳の「びん首」は直訳に過ぎて好きでない。私は、しかたなくボトルネック効果、などと呼ぶことにしている。

三つのSSR領域

RM1領域でのボトルネック効果は、ほかのSSR領域にもあてはまるのだろうか。RM1の結果は、偶然そうなったものかもしれないし、あるいはRM1領域のすぐ近くに、たとえばおいしさを決めている遺伝子があって、ヒトがそれを選抜したついでにRM1のタイプを絞り込んでしまった、などということがあるかもしれない。実はこうした偶然は現実に起きることがある。遺伝学ではこうした偶然のことをヒッチハイクと呼んでいる。ヒッチハイクは通りすがりの車に便乗してどこかへ行くあのヒッチハイクの意味で、予期しないできごとによってヒト（遺伝子）が移動するさまをいったものである。

ヒッチハイクの影響をなくすには、いくつものSSR領域について同じような調査をしてみるのがよい。ランダムに選んだ複数のSSR領域のすべてについて、それぞれの近くにおいしさを決める遺伝子があるとも思われないからである。私たちの研究でもRM1以外に二つのSSR領域について調べを進めてみた。

その結果、RM1を含めた三つのSSR領域の多様性について以下のような共通項があることがわかった。まず、三つの領域のどの場合にも、中国と朝鮮半島にはほとんどすべてのタイプが存在し、これら地域の温帯ジャポニカ品種がいわゆる多様であること、そして第二に、日本の温帯ジャポニカは、領域によって多少の差はあるものの、いずれの場合にも多様性が失われてしまっていること、の二つである。おそらくそれは、先に書いたボトルネック効果の所産であろうと思われる。そうすると弥生時代に多量の水稲が渡来したという従来の仮説には大きな疑義が生じる。現在の日本のイネのほとんどが温帯ジャポニカだというのは、渡来したごく少数がその後増殖をくりかえした結果ではないのか。ここにまたひとつ、日本のイネの渡来に関する学説に大きな疑問が生じたことになる。

水稲渡来の経路

日本の水稲二つのタイプ

本論からははずれるがSSRのタイプを細かくみてゆくと水稲が日本列島にやってきたときどこを通ってやってきたかをある程度細かく推定することができる。たとえばRM1の八つの変形版（aからhまで）が、今どこにあるか、正確にいうとどこの在来品種に分布しているかをみるのである。

再び127頁の図をみてみることにしよう。日本の在来品種の多くがaタイプとbタイプであったことを思い起こして頂きたい。朝鮮半島にbタイプがなかったことに再度注目しよう。bタイプの品種は、中国にも日本にも多く存在する。bタイプが朝鮮半島にだけなかった理由は、おそらくそれが中国で生まれ、朝鮮半島を経由せずに直接日本列島に来たからである。一方、もうひとつのaタイプのほうだが、これは朝鮮半島ではメジャーなタイプながら、中国における頻度はそう高くない。このタイプが、朝鮮半島生まれかまたは中国で生まれたかは別として、とにかく朝鮮半島から日本にきたことはたしかであろう。

日本の水稲の渡来経路については従来、朝鮮半島からきたという説と大陸から直接きたという説があり対立していた。朝鮮半島説を積極的に唱えてきたのはおもに考古学者たちで、その根拠は農具や稲作に伴う儀礼などが朝鮮半島と日本、とくに九州でよく似ていることにあった。一方後者の説をとったのは、考古学の分野では樋口隆康さん（橿原《かしはら》考古学研究所）らのグループと、農学者の安藤広太郎さんらであった。今回のSSRのデータは、二つの説はどちらも正しかったということを示している。

イネに限らず、渡来経路を議論する時、私たちはとかく特定のルートに固執したがる。自分なりの方法をもち、それによってデータを集めるわけだから、それは当然といえば当然である。だが、自説の経路以外の経路に関していうならば、それを否定する材料がない限りそのルートをも可能性のひとつとして認定する「がまん」が必要である。渡来のルートが一本に限られる保証はどこにもない。

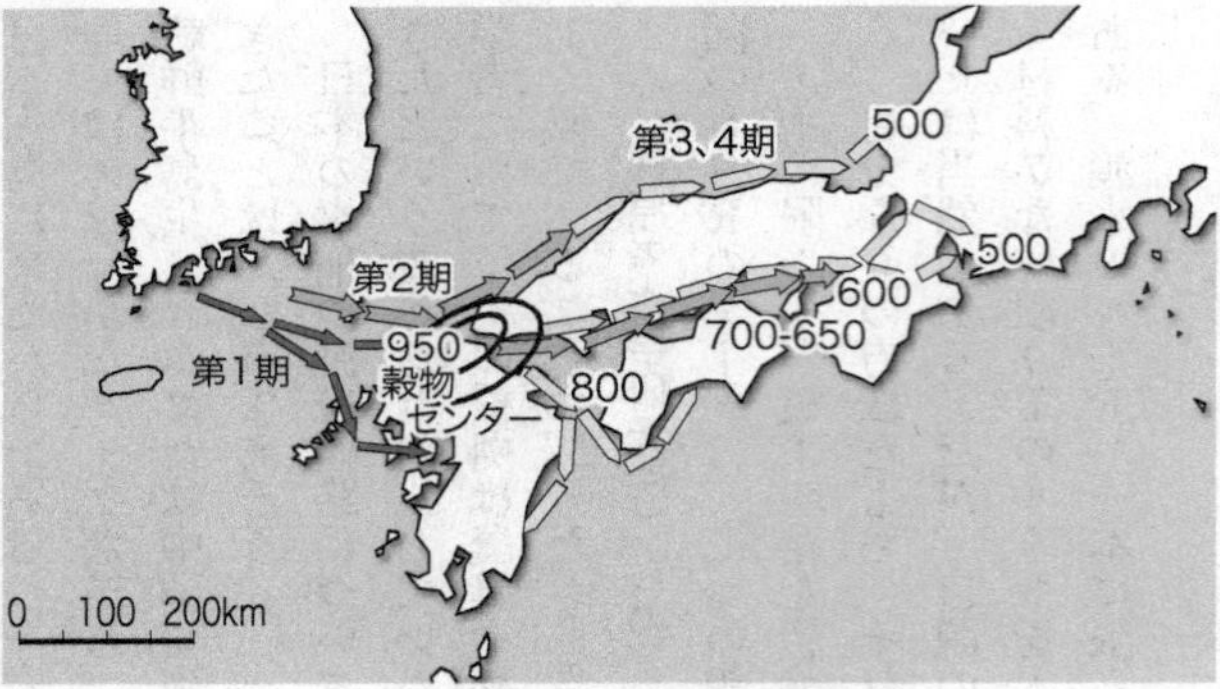

西日本における水田稲作の拡散
寺沢（1986）を基に著者作図。数字は水田稲作の渡来時期を BC で記載
（国立歴史民俗博物館による）

イネは日本列島をどう進んだか

日本列島に到着した水稲は、日本列島のどこに上陸したのだろうか。その後列島内をどう進んだのだろうか。これについては十分な研究が行われておらず多くを語ることはできないが、いくつかの可能性を指摘しておきたい。

佐賀大学の和佐野喜久雄さんは国内外の遺跡から出土する種子（炭化米）の大きさと形の分析から、日本列島にきたイネ品種に次の三つの波があったとしている。その一波は縄文時代の晩期（だいたい紀元前七、八世紀ころ）のもので、朝鮮半島から壱岐《いき》を経由して来た粒のごく丸い品種がそれにあたるという。時期的には中国の春秋戦国時代に相当するであろうか。第二の波は縄文時代の最晩期から弥生時代前期初め（紀元前四、五世紀ころ）に中国から「北部九州北岸域」に直接渡来したもので、やはり短粒の品種であったという。最後の波は弥生時代の前期から中期ころ（紀元前二、三世紀）のもので、長粒の品種を中心としたさまざまな変異を含んだ品種が来たのだろうという。なお最後の一波は有明海《ありあけ》に入りその後山陰地方から日本海岸に沿って北上したという。和佐野さんのこの説は寺沢薫さん（橿原考古学研究所＝当時）の説を参考にしたものと思われるので、前頁に寺沢さんのの説をもとに描いた図を掲げておこう。なお最近になって国立歴史民俗博物館（歴博）が公表した日本各地の稲作（水田稲作）の渡来時期は和佐野さんらのデータとは異なる。図には歴博のデータを入れておく。

米粒の形は遺伝形質で、環境の変化をそう強く受けるものではない。だから和佐野さんのこの説には耳を傾ける値打ちは十分にあるといってよい。ただ、「短粒」と一口にいってもその中にもいろいろな品種があったはずである。また、遺跡から出土する米粒をみていると、同じ遺跡の同じ場所（遺構）から出たものでさえ、大きさや形がさまざまにばらついていることもめずらしくない。こうしたことを考えると、どんなイネがいつどこに渡来したか、それらはその後どこをどう通ってどこに達したか、なお研究の余地が残されているといって過言ではない。私としては、各時代各遺跡から出た炭化米からDNAをとるという作業を通じてさらにこの問題にせまってみたいと思っている。

弥生時代のヒトとイネ

弥生時代のイネと稲作

今まで私たちが頭に描いてきた弥生時代の稲作のイメージは、——あちこちの博物館などのジオラマや想像図などにあるように——平野一面に広がる水田のイメージである。そして、そこに植えられたイネは、明確な根拠を欠いてはいたものの、今のイネと基本的には同じ種類のイネ、温帯ジャポニカのイネが想定されてきた。

しかしこの章に示したもろもろの根拠は、弥生時代のイネが、熱帯ジャポニカを多く含むこと、また稲作も休耕を伴うなど縄文以来の伝統を色濃く受け継いだスタイルをとっていたことを示している。つまりイネも稲作も、縄文時代と弥生時代間には、以前考えられていたほどの大きな断絶があるようにはみえない。むしろ弥生時代がイネや稲作に関しては縄文時代の延長線上にあるようにもみえるということを強調しておきたい。

もしそうだとすれば現代のイネや稲作の直接の原型はどの時代に求められるであろうか。この問いに対する正確な答えはまだないように思われるが、それは早く見積もってもせいぜい中世末まで遡るのがやっとであろうと思われる。

弥生時代の稲作が縄文稲作の延長であるとするなら、弥生時代の人びとはどのようにして食料を手に入れていたのだろうか。これについては寺沢薫さんのおもしろい研

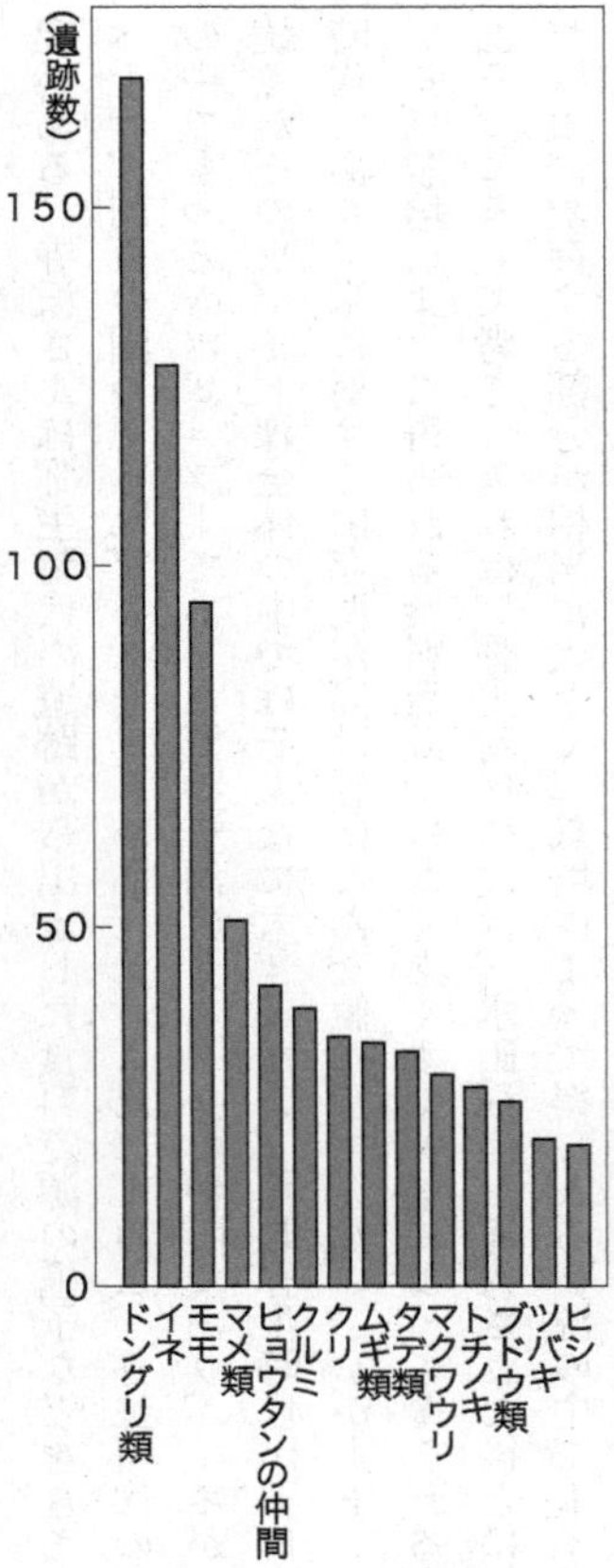

弥生人たちの食生活
(寺沢薫氏によるものをもとに作図)
(『日本の古代4』中央公論社、1986)

究がある。寺沢さんは弥生時代の遺跡から出土した食料資源の種子などをきちんと調べ上げ、前頁の図のようなデータをまとめあげた。これによると、弥生時代の人びとの中でもっともポピュラーであった植物資源はドングリの仲間であり、イネがこれに続くがそのウェイトは全体の中ではそんなに大きくない。もし弥生時代が稲作中心の時代であり、米に対する依存度が高ければこんな値は出てこない。しかもドングリといえば栽培によって得られる食料資源ではなくあくまで採集によって得られる資源である。こうして考えてみれば、弥生時代の食は、水田稲作が導入された後とはいえまだ採集に依存する部分が相当に大きく、栽培によって得られる資源の中でもイネに依存する割合が高いわけでもないという推定が得られるのである。稲作のような農耕の始まりについて、かつて考古学者ゴードン・チャイルドは「農業革命」という概念をとなえ、農耕の始まりが急速な社会変化をもたらしたと考えた。しかし少なくとも日本列島では農耕の開始や広まりは実にゆっくりとしたものだった（佐藤洋一郎『縄文農耕の世界』PHP新書、二〇〇〇年）。

この列島に住んだ「日本人」たちは、数千年の時間をかけて農耕社会をつくり上げてきた。しかし、農耕が始まって数千年を経た今なお、私たちの食の一部を支えているのは、相変わらずの狩猟採集の行為である。私たちはマグロの刺身を好んで食べるころか最近では「アウトドア」と名前をかえて復活のきざしさえみせているのである。

くは採集の行為である。私たちはまだ狩猟採集をやめてしまったのではない。それど

サザエやアワビもまた然りである。秋になってクリをひろい、キノコを狩るのも、大き

が、遠洋もののサカナの一部はいわゆる「天然もの」である。近海もののアジやイワシ、

窒素と炭素の同位体比からみた弥生時代の食料

最近の自然科学の発達には目を瞠るものがある。そしてその少なくない分野の技術が考古学に応用され、いわゆる自然科学と考古学の協同、といわれるような成果を挙げつつある。私が最近手がけている「DNA考古学」の分野もそうだが、ほかにも、花粉やプラントオパールといった微小な遺存体の分析など、いくつかを挙げることができる。ここではこれらのうち、窒素と炭素の同位体比によって過去の人びとが何を食べていたかを推定する方法を紹介しておこう。

同位体とは、元素として同じ化学的性質をもちながら重さ（分子量）が異なる一連の元素のことで、例えば炭素は分子量一二の「炭素12」であるが、ごくまれに分子量一三の「炭素13」と分子量一四の「炭素14」とが存在する。このうち炭素14は放射性（不安定）同位体で、全体の半量が約五〇〇〇年ほどの間に分解して炭素12に変わっ

てゆく。考古学などの分野では、炭素14のこの性質を利用した年代測定が行われていることはよく知られている。

さてもう一つの同位体である炭素13は、炭素14のような放射性をもたない同位体で、安定同位体と呼ばれる。安定同位体は年代測定には使えないが、その安定性を利用しておもしろい研究が行われてきた。使われた同位体は炭素と窒素。普通、炭素と窒素の分子量は一二と一四だが、それぞれ分子量が一ずつ多い安定同位体が少量ずつ存在する。つまり炭素には分子量一三の安定同位体（炭素13）が、また窒素には分子量一五の安定同位体（窒素15）がそれぞれ存在する。ところが、それぞれの安定同位体の全体に対する割合（安定同位対比）を調べてみると、たとえば同じヒトの骨のコラーゲンでも、地域や時代によってずいぶん違っていることがあるという。それは骨が形成されている間に食べた食料の同位対比によるわけで、このことを逆手に取れば、その骨の持ち主が生前に食べた食料がどのようなものであったかを知る重要な手がかりになると期待される。この原理に基づき、過去の人びとの食料や生活を知る研究手法を安定同位体分析として確立したのは、総合地球環境センターの和田英太郎さんであった。和田さんのこのアイデアはその後、北海道大学の南川睦夫さんや国立環境研究所の米田穣さんらのグループに引きつがれ、さまざまな研究成果を得るに至った。

このうち米田さんと吉永淳さんの研究成果は、弥生時代の人びととの食生活を知る上できわめて興味深い。彼らは縄文人の集団と弥生人の集団の骨を分析し、二つの同位対比を調査した。その結果、弥生人たちの骨に含まれる同位対比の値は、米を主食とする人びとのそれとは遠く、かえってさまざまな海の動植物を食べていた縄文人のそれにきわめて近かったというのである。もし弥生時代に入って食生活ががらっと変わり、それまでの「縄文食」から米中心の食に転換したとするなら、その骨に含まれる安定同位体の比率もまた、米の安定同位対比、ないしは米中心の食事をとっていた人びとのそれに近似してこなければならない。そしてこの事実は、弥生時代が、その食に関していうならば縄文時代と大きな断絶をもって区別されなかった可能性を示唆しているのである。

木製農具は農具であったか

弥生時代の稲作が、現代のそれよりはむしろ縄文時代のそれに近かったという議論を展開してゆくと、実際の発掘にあたられた方々などからきびしいご批判を頂くことがある。個人的に尊敬してやまない考古学者春成秀爾さんからは、あるシンポジウムの折に、

「汗水たらしてようやく発掘した水田が草ぼうぼうだったといわれることには正直なところとまどいを感じる」

といわれどきっとした覚えがある。

そのとまどいは、先祖伝来の田を一心に耕してきた農民のそれとも一致するものであろう。「休耕田などと簡単にいうが、いったん休耕した田をもとの美田にもどすのにどれほどの時間とエネルギーが必要だと思うか」といわれたこともある。水田稲作の技に対する、いわば盲目的なまでの思い入れがこうした発想のもとにはあると思われるが、これに関係してもうひとつ書いておきたいことがある。木でできた農具、いわゆる木製農具についてである。

水田の跡や水田を伴う遺跡からは木で作られた農具が出土する。時にはそれは膨大な量に及び、当時の人びとがそれら農具をよく使っていたと想像されてきた。一方縄文時代の遺跡からはこうした農具はほとんどといってよいほど出てこない。遺跡から出土する遺物の量がどれほど当時の姿を表すかについては、不確定な要素がいっぱいあって一概にはいいにくい。が、弥生時代の農具の量や種類は、現代のインドシナ半島などにみられる焼畑農耕のそれをもはるかに凌駕《りょうが》しているように思われる。

だがこれら木製農具として出土する遺物は、その全部がはたして農具として本当に使われていたのだろうか。私はこの疑問を静岡県埋蔵文化財調査研究所におられた佐野五十三さんにぶつけてみた。佐野さんは静岡県下でもう二〇年近くにわたって発掘作業にあたられ、ときにいろいろと入れ知恵をしてくださる実に貴重な考古学者である。本章に述べた曲金北遺跡の休耕田騒動のときにもあれこれとアドバイスを下さったが、ご本人も弥生時代に休耕田を伴うアバウトな稲作があったという仮説を支持されていて実に心強かった。

さてその佐野さんが紹介して下さった文献の中に、専門誌「考古学研究」（第四七巻第三号、二〇〇〇年一二月）に寄せられた樋上昇《ひがみのぼる》さんの「『木製農耕具』ははたして『農耕具』なのか」と題する実に興味深い論文があった。論文の中で樋上さんは、「（出土する木製農耕具が）本当に水田や畑における耕作などの場面で使用された『農耕具』であったのか」に疑問をもち、「尾張平野部に限定して」という但し書きつきながらも、従来「農耕具」とされてきた遺物のうち主に農耕具として使われたであろうものは全体の二割に満たない、としている。では残りは何なのか。樋上さんは、全体の六割は土木具であろうと考えておられる。

樋上さんが疑問を投げかけられたように、弥生時代の稲作がそんな多量の、しかも多岐にわたる農耕具を必要としたのだろうか。水田の作業を考えてみると、荒起こしに始まり、水を入れ代《しろ》を掻《か》き、といった一連の作業はたしかに多種多様な道具を必要とする。一方、田植えが終わってしまえば、草取りまで、道具を必要とする作業はむしろない。つまり水田稲作に伴う一連の作業の多くは「田植え」という、水田に固有の作業に伴うものである。だから、焼畑のように田植えという作業のない農法にはそれほど多種多様な農具は必要ではない。そのことは第一章にも紹介したラオスでの稲作が雄弁に物語っている。弥生時代から古墳時代にかけての稲作が田植えを伴わないか、またはこの作業を簡単にすませていたのなら、農耕具がそれほど必要ではなかったという樋上さんの主張には何やらとても魅力的な響きを感じる。

木製農具を使う

ところで木製の農耕具にはどれほどの実用性があるのだろうか。さきに紹介した樋上さんの論文にも出てくるように、木製農具を儀礼のための道具とみる見方はずいぶん以前からあるようである。私も、自分自身のある経験から、木製の農具が実際の局面ではそれほど使われていなかったのではないかという印象をもっている。

あるテレビ局のディレクターの方が私の研究室にこられたときのことである。最近のディレクターの中にはなかなか勉強熱心な方がおられて感心することがあるが、このディレクターもよく下調べをしておられ話が弾んだ。彼の最終の目標は弥生時代のやり方で実際にイネを作ってみることだとかで、復元した農具で土地を耕したりもしてみたいとのことだった。私はかねてから木製の農具ではたして土地が耕せるのかと不思議に思っていたので、ディレクター氏に同行して作業風景をみせてもらうことにした。

復元されたクワは、身の部分がアカガシ、柄の部分がサカキでできており、しかもサイズから形まで、出土した農具をモデルにそっくりに復元したという優れものである。材質はもちろん遺物にならってそうしたのだが、アカガシの材はひときわ硬く、設計図どおりに成形するのにのこぎりやカンナを何本も駄目にしたという話を聞いていた。これほどまでに硬い材を、鉄すらもたない昔の人びとはいったいどうやって加工したのだろうか。

さてディレクター氏、早速このクワを借り、稲刈りの終わった田にもち込んで回るカメラの前で作業にかかった。だがクワは、彼の最初の一振りによってその柄の部分でパキッと音を立てて折れてしまった。クワを振り下ろした彼も驚いたであろうが、ことの一部始終をみていた私も驚いた。まさか木のクワがこんなにも弱いとは……。硬く重さのあるアカガシの身を支えるのに、サカキの柄はむしろ華奢《きゃしゃ》すぎた。木のクワは復元品なのでディレクター氏が責任を問われることはもちろんない。木のクワがここまで弱いことを実証したという点で、その行動はむしろ評価されてよいくらいだと私は思う。

これに先だって静岡市の登呂遺跡博物館でも、同じような復元農具で実際の作業をやってみたことがあるという。作業にあたったのは静岡平野で何十年もの間、田を耕してこられた増田作一郎さん。彼も、木のクワでは粘土質でたっぷり水を含んだ静岡平野の田の土は起こせなかったという。木のクワはせいぜい水路のドロを揚げる程度の作業には使えても、荒起こしのような作業に耐えられるような代物ではないという。

こうしたことからみても、多量に出土する木製の農耕具の多くが耕作用ではないという先出の樋上さんの主張には道理がある。私たちは今まで、鉄器の登場までは木や石の農具が使われてきたと考えていた。だがひょっとすると、鉄器が登場するまでは、農耕具は私たちが考えるほどにはたくさん使われていなかったのかもしれない。農耕具の面からみても、よく発達した水田稲作がそう古いものではないことがうかがい知れるのである。私たちのイメージするような水田稲作は当時まだなかったのかもしれない。

渡来人はやってきたか

著名な考古学者、佐原真さんの代表的な本の中に『騎馬民族は来なかった』(NHKブックス、一九九三年)がある。弥生時代前後に、大陸からウマを操る人びとが日本列島にやってきたかどうかを論考した名著で、佐原さんが導き出された結論はノーであった。この本を著して後、佐原さんは冗談交じりに、「あったかなかったかの議論では、よほど自信がない限りイエスといっておくものだ」といっておられた。あるもの(あるいはことがら)が「あった」ことを証明するのは比較的簡単である。あったという事実をひとつでも挙げればよいからである。それに反して「なかった」ことの証明は容易ではない。「なかった」という事実を際限なく積み重ねても、なかったかもしれないという感触が得られるに過ぎないからである。

さて、騎馬民族ならぬ渡来人はやってきたのか。これについては人類学者である埴原和郎さんによる「日本人二重構造説」を引用しておこう。「二重構造説」ではこうである。縄文時代には、日本列島の北(北海道)から南(南西諸島)まで、縄文人といわれる人びとが住んでいた。弥生時代になるとそこに渡来人といわれる人びとがやってきて、西日本を中心に定着した。だから「日本人」というとき、それは自然人類学的には、「日本人」が二つの民族の混血、混合集団であることを意味する。これが

「二重」の意味である。

やってきた渡来人たちの人口は、ある推定によると一〇〇万人にも達するといわれた。これだけのヒトがわずか数百年の弥生時代にやってきたのなら、列島のヒトと文化はその渡来をきっかけに大きく変化したに違いない。渡来人が手に手にイネと稲作の技術を携えてきたのなら、列島の生業はこの時期に大きく変化したに相違ない。植生を始めとする自然も、大きな変化を遂げたに違いない。

こうした大変革の主体者である多量の渡来人は本当にやってきたのか。今現在、その明確な答えは得られていない。しかし、——ここにもくりかえし述べたように——今私たちの手中にあるデータは必ずしも二重構造説によらなくとも説明ができそうである。

渡来人たちが稲作の文化ももたず何も伝えず、ただ数だけがやってきたという「強弁」はむろん可能である。しかしもしそれが事実であるなら、渡来人の集団はたんに奴隷の集団に過ぎなかったことになる。

変革の主体者たち

考古学的には、弥生時代に大きな変革があったことは疑いのない事実である。イネや稲作だけを取り上げてみても、「水田稲作の技術」などは明らかにこの時代に来たものである。死者埋葬の方法、それに何より土器の形式からみてもこの時代の独自性が崩れ去ることはない、というのがおおかたの考古学者の一致した見解でもある。従来、この大変革の主体者たちが渡来人であったと考えられてきたわけであるが、前項に書いたように、もし「渡来人が来なかった」とするなら、その変革の担い手は誰なのか。消去法でいけば変革の主体者は在来のいわゆる縄文人であったことになる。水田稲作をはじめとする弥生時代を特徴づける文化要素は縄文人たちによって日本列島にもち込まれたことになる。変革は、外的な力によってではなく主体的に行われたことになる。端的にいえば、水田稲作の技術は大陸に渡った縄文人たちが日本列島にもち帰ったものだということにもなる。

渡来人が変革の主体者であったとする見解に対して、在来の縄文人たちが自らを自らの手で「変革」したとする見解は以前からあった。この見解に、再び光をあててみることが必要であろう。

一万年にも及ぶ縄文時代の日本列島全域に住んだ人びとを縄文人というカテゴリーでくくってしまうことの是非はいったんおくとして、縄文人たちは移動を得意とする人びとであった。イネ、ヒョウタンなどの栽培植物は縄文時代の前期（六〇〇〇年前)には海を越えて列島に伝えられていた。中期になると、ヒスイ、黒曜石などの産物が列島内でひんぱんに取引されていた。

ヒトやモノの交流は、陸伝いにも行われたであろうし、舟を使って海伝いにも行われた。縄文人が流浪の民と呼ばれた所以《ゆえん》でもある。彼らの移動が、生活の地を追われ目的地をもたない流浪であったか、それともはっきりした目的をもち出発地と目的地の間の往復をくりかえすような主体的な移動であったのかどちらが正しいかはわからない。だがいずれにしても縄文人が移動を得意とするヒトの集団であったことはたしかである。

ヤマトタケルは渡来人?

神話の世界では日本武尊《やまとたけるのみこと》は在来の人びとを討つ「東征」の旅に出て各地でさまざまな体験をする。哲学者の梅原猛《たけし》さんの手になる名戯曲「ヤマトタケル」には、一方ではそのタケルの活躍が、しかしもう一方にはそれによって虐げられてゆく在来の人びとの哀しみが実に見事に描き出されている。

もし渡来人が大挙して来ていなかったのなら、「ヤマトタケル」に描かれた「進んだ西と遅れた東」という構造自体が実在しなかったのだろうか。私はそうとは思わない。私は、東西（または南北）の対立は厳としてあったし、西が東を侵略したという構図もちゃんと存在したと思っている。ただし対立が、「在来系の縄文人と渡来系の弥生人」の間で起きたという構図ではなく、両者はともに在来の縄文人だった可能性が高いと思っている。

縄文人と渡来人のような、いわば異民族間での争いは歴史上数多くの例があって、その数だけの悲劇が生まれた。それらの抗争は表面に現れやすく、したがって歴史に残るケースが多かった。しかし対立は何も異民族間だけに起きるものではない。同民族の中でも抗争は起きた。ただしこうした同民族内での抗争はしばしば内向し、それゆえに歴史上の記録からも抹殺されたり忘れ去られたケースが多かったのではないか。内向した抗争では、敵味方が入り乱れ肉親同士が争ったり恋人たちがその間を引き裂かれるといった悲劇が数多く生まれる。そして当事者たちはその哀しみを顔に出すことさえ許されない。こうした根深い哀しみが本当のヤマトタケルの哀しみではなかったか。私には、そのように思われる。ヤマトタケルの争いを、私は、このように縄文人同士の争いと見てみようと私は思っている。

植物が運ばれるとき

ヒトは来ずに文化が来る

渡来人は来なかったというい方をすると、水田稲作の技術はじめ弥生時代の諸要素がどのようにして来たのかが問題にされる。つまりそれは、弥生文化をもたらしたのは誰かということであり、またそれは文化の移動とヒトの移動が常に相伴うかという問題でもある。これらの問いに対する私なりの答えは、まず弥生文化をもたらしたのは縄文人、つまり当時日本列島に住んでいた人たちであったというものである。第二の問いに対しては、ヒトは移動するときいつも文化を携えて行くとは限らないし、手ぶらで行って文化をもち帰ってくることもあるのだと答えようと思う。

こうした事情は農耕や栽培植物、さらには食物や食の文化の移動についても同じである。近代以後、日本にはパンやケーキなどのコムギ食品がもち込まれた。第二次世界大戦後その勢いは加速し、今では日本人の主食がコメなのかコムギなのかわからなくなってしまったほどである（第四章参照）。しかし、コムギ食の文化の渡来はコムギを食べる人間集団の移動は伴わなかった。ヒトの渡来というからには、異なる人種が渡来してある期間そこに棲《す》みつくことを必要とする。あるいは混血がすすんで渡来人の遺伝子が後世にまで残されることを必要とする。その意味では、日本列島にはコムギ食の文化を担う人びとはこなかったのである。コムギ食の文化と時を同じくしてやってきたいわゆる西洋化の波も、受け入れた主体は「日本人」であって「西洋人」が外からもち込んできたものではない。つまり「西洋文化」は、ヒトの移動なしに日本列島を席巻したのである。

もし、二〇〇〇年後の考古学者が二〇世紀の初頭と終わりに日本列島で埋蔵された二つの遺跡を発掘したとしよう。「彼、彼女」は、当時の日本列島がわずか一〇〇年の間にかくも大きく変貌《へんぼう》したことに驚き、その理由を探ろうとするだろう。やがて「彼、彼女」はある記録に行き当たる。

「そうか、二〇〇〇年前の日本は太平洋の対岸にあった大国と戦争して敗れている。文化の変容はそのときの移民によるものに違いない」

「彼、彼女」がこう考えたとしても何の不思議もない。

西暦紀元前後の日本列島に起きたことについて、私たちは「彼、彼女」と同じ認識上の誤りを犯しているのかもしれない。

徐福伝説とイネ

中国を統一して大帝国を築き上げたのが秦《しん》の始皇帝。皇帝が最後に考えたのは不老不死の薬を手に入れることであった。人間は欲の深い動物で、ひとつ夢が叶《かな》うと必ず次の夢を追いたくなる。私たち凡人の夢は小さいが、中国という広大な大地を支配し、人をもモノをも思うように動かせるようになった皇帝が考えるのは、常に不老長寿を手に入れることであった。藤原道長《ふじわらのみちなが》は自分の治世に満足してそれを満月になぞらえたが、中国ほどの広大な大地を治めるとそれだけでは満足ができなくなるものらしい。始皇帝は徐福《じょふく》を長とし、はるか日本に不老長寿の妙薬を求める探検隊を派遣する。この話をうらづけるかのように、日本列島各地には徐福が来たといういい伝えのある土地がたくさんある。これが世にいう徐福伝説である。

この徐福が日本に水稲をもたらした――こう考えた人もまた少なくない。徐福が水稲をもち込んだという根拠はもちろんどこにもない。徐福という人物が実在したという証拠さえない。ただ、私がおもしろいと思うのは、もし徐福が、あるいは徐福ではなかったにせよ特定の誰かが、わずかな手勢を従えて日本のどこかに渡来したとするなら、もち込まれた水稲はごく少量だったに違いないという点である。つまり徐福という人物の実在性はともかく、日本列島に渡った水稲種子の量が、せいぜいひとつの政府派遣団が運んで来た程度のものであったというところに、示唆的なものを感じるのである。

種子は少量で運ばれた

徐福の話は単なる物語にすぎないが、実際の例をみると、植物の移動が小規模に行われていたと考えられるケースが多いのに驚かされる。

米国・カリフォルニア州。米国屈指の米どころとしても有名である。同州のイネの栽培面積は二〇〇〇平方キロ。日本の全水田面積の二〇パーセントほどにあたる。この面積を支える品種がじつは日本原産であることは意外と知られていない。カリフォルニア州に渡ったイネの系譜を調べてみよう。

日本からの最初のイネが同州についたのは一九〇六年ごろのこと。その後数年の間に何度か種籾が運ばれた。一回あたりの分量は数トン程度であったという。

運ばれた品種もさまざまであった。記録によると一〇以上の品種の名前をピックアップすることができる。しかしそのうちのほとんどはカリフォルニアや他州の風土にあうことなくすぐにすたれてしまった。その中で唯一残ったのが「渡船《わたりぶね》」。岡山県産の品種「雄町《おまち》」の中から明治後半に福岡県で選抜され、その後滋賀県一帯で隆盛を極めた品種である。この「渡船」が名前を変えてできたのがカローズ。カローズと中国由来とされる品種との間にできた品種カルローズが今のカリフォルニア品種のおおもとになった品種であった。カリフォルニア米のもとを築いたのは、わずか数トンにも満たない種籾だったことになる。

栽培植物がごく小さな集団として運ばれたと考えられるケースは他にもいくつかある。ブラジルにもち込まれたコーヒーもその著明な例である。

ブラジルに初めてコーヒーの木がもち込まれたのは一七二七年、ポルトガル人フランシス・デ・メロ・パルヘッタによるものという（UCCコーヒーのホームページによる）。彼は、コーヒーの国外もち出しが禁止されていた仏領ギアナで一〇〇〇粒あまりの種子と五本の苗木をひそかに入手してブラジルにもち込んだという。ブラジルといえば今ではコーヒーの一大産地であるが、そのもとはわずか三〇〇年足らず前にもち込まれたほんの少量の種子と苗木だったというのだから驚きである。このように栽培植物の中には、新しい土地に伝わったとき、極めて小さな集団から出発したというケースが意外と多い。

栽培植物は、新天地を得るたびに新しい変異を獲得して種の中の多様性を高めたり、地域に固有の変種を生み出してきたと考えられている。この説明は、常識的には至極もっともな説明に思われる。しかし「常識」は多くの場合には正しいが、ときに正しくない判断を下すことがある。栽培植物が新天地に広まるたびにその土地固有のグループを形成した大きな理由は、おそらく先にも書いたボトルネック効果による集団の遺伝構造のひずみにある。つまり新天地におもむいた小さな集団はそこでもとの集団とは違う集団となって定着する。そういうことをくりかえすうち、遺伝的に違う性質を持った集団があちこちにできあがる。

野生植物などの移動

栽培植物ではない植物の場合にはどうか。野生植物の種子が風や水などによって遠方まで運ばれる例は多い。果実を食べた鳥の消化器で消化されなかった種子が糞とともに落とされるケースもいっぱいある。こうした例では、集団は一個体ないしはせいぜい数個体単位で移動したことになる。

イネの原種である野生イネの仲間に、たった一個体から出発したと思われるものがある。帯広畜産大学の秋本正博さんは南米アマゾン河流域に広がる野生イネであるオリザ・グルメパチュラのDNAなどの多様性を調べた。グルメパチュラは私たちのイネ、オリザ・サティバの直接の祖先であるオリザ・ルフィポゴンの兄弟にあたる種で、アマゾン流域に大規模に分布するほか中米にも分布する。秋本さんは学生時代に国立遺伝学研究所で森島啓子さんについてイネの遺伝学を研究した新進気鋭の研究者で、実際アマゾンのグルメパチュラを採集するなどのフィールドワークの経験もおもちである。

さて秋本さんの研究の方法など具体的な説明は省くとして、その結論はまわりをあっといわせるようなものだった。アマゾン河支流のいくつかから採集してきたグルメパチュラの集団はことごとく同じDNAのタイプをもっていた。しかもこのことは、調べたDNAのどんな領域にもあてはまっていた。あの広大なアマゾン河の、互いに遠く離れたいく本もの支流の複数の箇所から採ってきた集団がどれも同じ遺伝子をもっていたとはにわかには信じがたい。だが結果は結果である。一方中米のグルメパチュラにはいろいろなタイプのものがみつかった。ということは、アマゾン河流域のグルメパチュラの大集団は、あるとき中米のグルメパチュラのどれか一個体を祖先としてできたものであることを示している。その一個体はたぶん一粒の種子か一片の茎のかけらであろうが、それがどのようにして中米からアマゾンにまで達したか、その理由はまったくわかってはいない。

随伴植物の伝播

雑草のような随伴植物の場合にも、きわめて小さな集団が移動したことは容易に想像がつく。随伴植物とはヒト自身が動いたときやヒトが作物や家畜を運んだ際、それについて移動した植物をいう。随伴植物が小さな集団として運ばれることは容易に想像がつく。少しでも目立とうものなら、たちどころに排除されてしまうからである。

随伴植物の移動がきわめて小規模に行われることを示す例として、私自身こんな経験をしたことがある。西日本のある県を旅していたときのことである。水田の中に一本のヒエをみつけてそれをとったのだが、そのヒエが普通田に生える雑草のヒエとは少しばかり違った格好をしている。よくみるとそれは雑草としてのヒエ（オリゼコラ＝学名は *Echinochloa aryzecora*）ではなくて、東北地方などでときたま見かける作物としてのヒエ（クルスガリ＝学名 *E. crusgalli*）であるらしいことがわかった。クルスガリは西日本にはまれである。少なくともその県ではみたことがなかった。近在の農家で聞いてみたところ、じつにおもしろい返答が返ってきた。

「あそこの田では肥料に鶏糞を使ったが、鶏糞に混ざったヒエの種子が発芽してこま

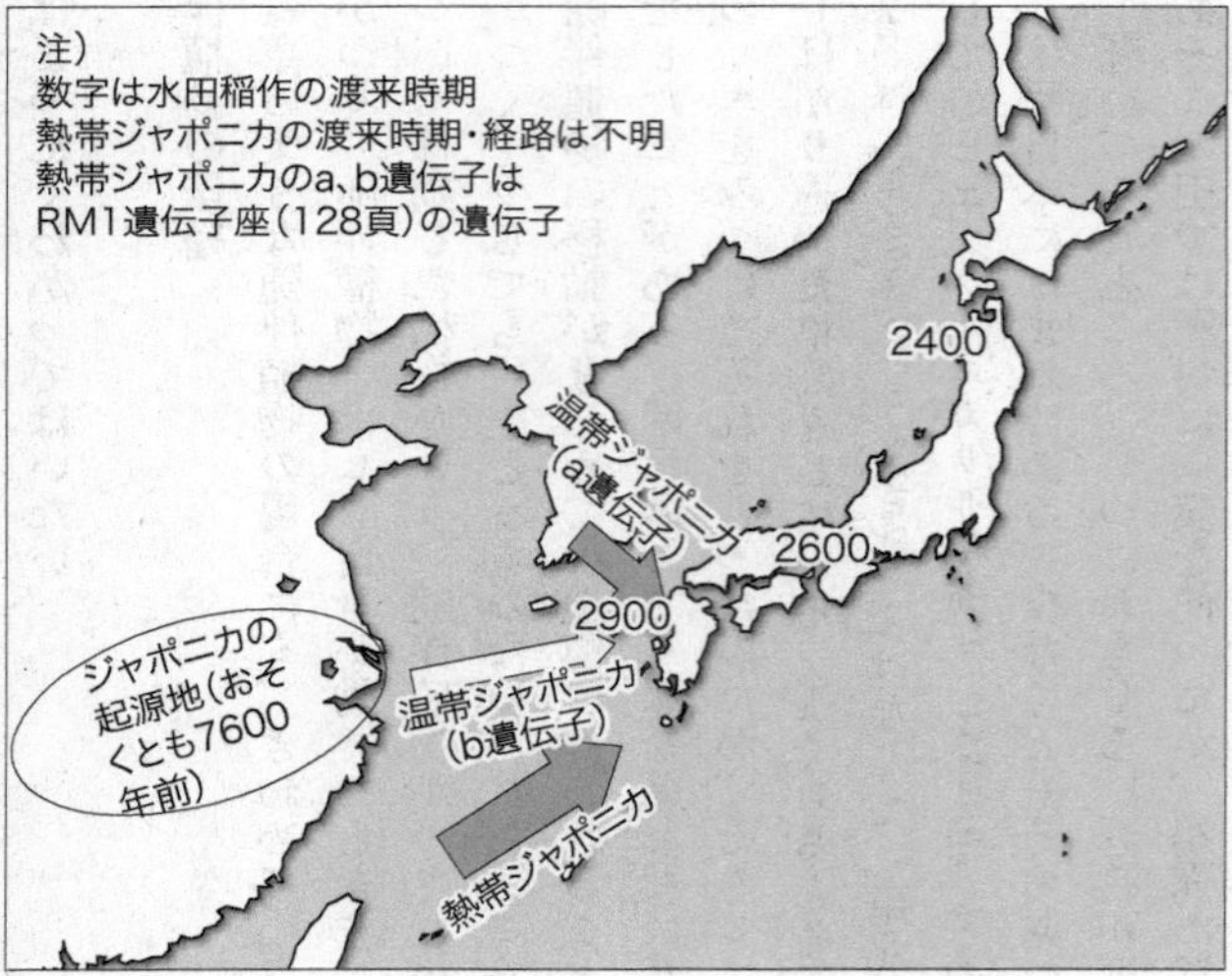

日本列島へのイネの渡来（まとめ）

ったことがある」というのである。なぜ鶏糞にヒエの種子が混ざるのか。じつは農家が鶏糞を求めた養鶏場ではヒエの種子を配合したえさを使っていた。ほとんどのヒエ種子はトリの体内で消化され、種子として体外に排出されることはまれである。たまたま田で命を吹き返したヒエは、トリの消化管内で消化されることなく体外に排出されたもので、運良く発芽力を保っていた。そのヒエは、おそらく東北地方あたりで栽培されたものだったのであろう。こうしてクルスガリは西日本に伝播した。

もちろんこのようにして運ばれた種子のすべてが発芽してその地に定着できるわけではない。おそらく運ばれた種子の大半はそこに根付くことなく絶えてしまう。随伴植物の伝播は、幸運に幸運が重なったときに限って成功するに過ぎない。しかしそれでも植物は移動する。ヒトと植物のかかわりはそれほどに長いのである。

縄文の要素と弥生の要素

弥生時代に一気におしかけて来たと考えられてきた水稲と水田稲作。だが、栽培されたイネの面からみても、土地利用の面からみても、「弥生時代に固有のイネと稲作」、つまり「弥生の要素」の影はうすれる一方である。むしろ、焼畑的な栽培の様式と熱帯ジャポニカに特徴づけられる「縄文の要素」の影を色濃く残したまま、日本列島は弥生時代に入ったとみるべきである。つまりイネと稲作に、縄文時代と弥生時代の間で大きな断絶はみられないのである。ことばを換えていうなら、現代の稲作と弥生時代の稲作の間には、私たちが今まで考えてきた以上の断絶がある。現代のイネや稲作が、弥生時代以来二〇〇〇年の間永々と続いてきたわけではないということになる。

では、今のイネと稲作の姿はいつどのようにしてできたものなのか。以下第三章に、それについて詳しく書くことにする。

第三章　水稲と水田稲作はどう広まったか

熱帯ジャポニカの衰亡

プラントオパールの主張

本書でも随所で紹介したプラントオパール。それは古い時代の水田の検出に、そして文字もないはるか昔のイネの姿を知るよすがとして考古学の世界でも広く知られた分析法である。プラントオパール分析を考古学の世界にもち込んだ第一人者である藤原宏志さん（宮崎大学）は、その形の違いによって栽培されていた品種を知ることはできないかと考えておられた。ちょうど同じ考えをもっていた彼と私は、出土するプラントオパールから当時の品種を明らかにする共同研究を走らせることにした。一九九〇年代にはいってすぐのころのことであった。私の手元にある多数の品種を実験水田で栽培し、その葉から珪酸体《けいさん》を取り出してその形が品種の間でどう違うかを調べるというものである。この、イネの生葉に含まれる珪酸体が地中からとり出されたものがプラントオパールである（第一章27～34頁参照）。とくに興味がもたれたのは、プラントオパールの形でイネの二大品種であるインディカとジャポニカを区別できないかという点であった。そこで私たちは、出土したプラントオパールのいろいろな部分のサイズを計測し、それに基づいて判別式という計算を導き出すことを考えた。判別式とは、既製服のサイズをS、M、L、XLなどとわけるあのやり方と似た統計学的な計算式である。そして実際には、遺跡から出てきた珪酸体の数値を代入して、判別式の値が正になればジャポニカ、負ならばインディカと判断できるように工夫されている。

幸いこの共同研究はうまく行って、私たちはインディカとジャポニカをわける一本の判別式を導き出すことができた。この判別式は中国などでも広く使われるようになり、DNA分析の結果とともに中国太古の品種がジャポニカであったことを知る有力な手がかりとなった。詳しくは藤原さんのご著書『稲作の起源を探る』(岩波新書、一九九八年)を参照されるのがよいと思う。

さて共同研究ではもうひとつ、熱帯ジャポニカと温帯ジャポニカをわける判別式の導出をも手がけた。こちらのほうは、二つの品種群の関係が近いこともあって、インディカとジャポニカをわけたときほどきれいにはゆかなかったが、それでも典型的なもの同士を比べると両者の間には歴然とした違いがあった。

後に藤原さんはこのことを利用し、日本のイネ品種がどう変遷していったかについてひとつの論文を発表している。それによると弥生時代から古代末（平安時代の終わり）までとそれ以後の時期で、出土するプラントオパールの形にはっきりした違いがあるという。具体的にいうと、古代末までの遺跡から出土するプラントオパールには温帯ジャポニカ的な形のものと熱帯ジャポニカ的な形のものとが入り交じり、形の上でのバラつきが大きいが、中世以降には温帯ジャポニカ的なものに揃う傾向を示すというのである。

藤原さんのこの結果は、古代までは熱帯ジャポニカが相当量残存していたことを示している。熱帯ジャポニカは弥生時代はおろか、少なくとも古代に入ってもなお日本の田の中に残っていたのである。

川田条理遺跡のイネ株

長野県長野市の川田条理遺跡からは近世の水田あとがみつかっている。近世の水田あとなど何も珍しくないように思われるかもしれないが、この水田あとが注目を集めたのはイネらしい植物の残存物が整然と等間隔に並んでいるのがみつかったからである。田の表面と思われるところに、二〇から二五センチ間隔で碁盤の目状にすり鉢状の穴があき、穴には水田を覆っていたのと同じ細かな砂がつまっている。すり鉢を縦に切ってみると、すり鉢の底の部分から根の跡を思わせる茶色のすじが何本も、下方に放射状に伸び出している。そしてすり鉢の底の部分にはわずかながら植物の残存物らしいものが残っているのが確認できた。

発掘を担当された河西克造さんはこれをみてはっとした。ひょっとしてこのすり鉢はイネ株の跡ではないか。だとすればこの遺構こそ、田植え跡の直接の証拠とはならないか。本書にも書いたように、今までに水田あとと考えられている遺跡や遺構は、畔《あぜ》があってイネのプラントオパールが出ることからそう判断されたものであって、そこにイネがあったことを直接に指し示す証拠はひとつも知られていない。中には田植えをしたあとみられるような、砂がつまった穴が見つかったケースもないではなかったが、それはあくまで状況証拠にすぎない。ヒエを水田に植えた、というようなケースが考えられないわけでもないからである。そこで河西さんはすり鉢の底にある遺物からDNAをとることを考えたのである。

「すり鉢」は私の研究室にもち込まれた。その部分だけを運ぶことはできないので、すり鉢を含む土塊《つちくれ》が運び込まれたのである。この土塊を、すり鉢の中心を少しはずすようにして縦半分に切り、針先でていねいに砂をどけてゆくと、運よく底の部分に茶色く変色した根株らしいモノがみつかった。あるひとつのすり鉢からは、根株の跡とともにぺしゃんこになった籾殻《もみがら》が一粒出てきた。これによってそのすり鉢がイネ株の跡であったことがほぼ確実になった。

川田条理遺跡は近世の遺跡である。保存状態のよさもさりながら、この新しさがDNA分析に味方した。わずかばかりの根株跡や一粒の籾殻からも高い確率でDNAがとれた。そしておもしろいことに、籾殻が出てきた根株では、籾殻そのものが7C6Aの熱帯ジャポニカ、そして根株自体は核のDNAによって温帯ジャポニカの可能性が高いと判断された。

この事実は二重の意味で示唆的である。ひとつはまず、近世に入ってなお、そして水田という環境にあってなお、熱帯ジャポニカが栽培されていたということである。熱帯ジャポニカが営々と栽培されていたであろうことは以前から想像はついていた。先に書いた藤原さんのプラントオパール分析の結果も、また私の前著『稲のきた道』や本書第一章で示したように熱帯ジャポニカ固有の遺伝子があるという調査結果もそれに符合する。しかしDNAのレベルで熱帯ジャポニカが近世にまで生き残っていたことを直接証明できたのは川田条理遺跡のイネが初めてではないかと思う。

川田条理遺跡の熱帯ジャポニカの存在が示唆的だとする第二の点は、ひとつの株から熱帯ジャポニカと温帯ジャポニカの双方が出てきたことである。田植えをするときは数本の苗をまとめて植えつけるのが普通である。おそらく、熱帯ジャポニカの種子は温帯ジャポニカのそれと区別することなく一緒に苗代に播《ま》きつけられ、他の何本かの温帯ジャポニカの苗とともども区別されることなく一株に植えつけられたのであろう。二つのジャポニカは一緒に水田で栽培されていたのである。

在来品種に残された熱帯ジャポニカの遺伝子

私たち現代の日本人にとって熱帯ジャポニカにもうひとつなじみがないのは、それが身近には存在しないからである。川田条理遺跡（近世）まで残っていた熱帯ジャポニカが日本の田から姿を消したのはいつのことだろうか。

先にも紹介した私の前著『稲のきた道』に詳しく述べたように、国が組織的に品種改良する前に各地に成立していたいわゆる在来品種を調べたところ、日本列島には南西諸島の一部を除いて熱帯ジャポニカに属する品種はなかった。在来品種がいつ成立したものかは品種によっても違うのではっきりしたことはいえないが、おそらくは江戸時代の末期から昭和時代の初頭までのころであろうと考えられる。だからおおよそは近世から近代に移り変わるころに熱帯ジャポニカは農家の田からしだいに姿を消していったのであろうと思われる。

熱帯ジャポニカの品種はなくなってしまったが、熱帯ジャポニカの遺伝子はなくならなかった。この在来品種の調査で一番おもしろかったのは、一部の品種の中に熱帯ジャポニカの特徴をもったものがみつかったことである。このことは第一章に詳しく書いたのでここではくりかえさないが、熱帯ジャポニカはその実体を失いはしたが、それを構成する個々の遺伝子は日本の集団中に残されているのである。

このように考えてみると、縄文時代に渡来したイネ（縄文の要素のイネ）が、水田のイネである温帯ジャポニカ（弥生の要素のイネ）に置き換えられてしまうまでには実に二〇〇〇年という長い時間を要したことがわかる。稲作の面では、縄文的要素である休耕のシステムがほぼ消滅したのが中世から近世に移り変わるころであろうと書いたが、イネが完全に置き換えられてしまうまでにはさらにそれから三〇〇年ほどの時を要したことになる。

ひとつの栽培植物やその栽培方法の置き換えにこれだけの時間を要するのは、置き換えに逆らおうという人間の強い意志が働いていたからである。イネや稲作という複雑な文化要素をあまりに単純化しすぎるのはむろん危険ではあるが、水稲や水田稲作を広めようとしたのはその時どきの支配者たちである。時どきの政治的な思惑が水稲と水田稲作を広めたといって過言ではない。それは、ため池や灌漑《かんがい》水路など水田稲作のためのしかけがおおがかりで、個人の手には余るものだったからである。一方、熱帯ジャポニカやそれを支えた稲作は一貫して土にいきる人びとのものであり続けた。人びとがそれを手放したのは、政治的支配によってそうせざるを得なかったからである。それでも人びとは、魂まで売ることはなかった。何しろ水稲と集約的な水田稲作が列島のほぼ全体を覆うようになってから、まだ二〇〇年たらずの時間が経過したに過ぎないのである。

熱帯ジャポニカはなぜなくなったか

熱帯ジャポニカは背が高い

熱帯ジャポニカが姿を消したのは、その遺伝的性質によるところが大である。とくにそれは温帯ジャポニカに比べて背が高いものが多い。このことが二つのジャポニカの消長を決める大きな要素になった。

ずいぶんと昔のことになるが、私の修士論文のテーマはイネの背丈がどのようにして決まるか、という発育遺伝学的なテーマであった。遺伝学の世界では、「なぜ」を考えるのに、いろいろな変わりものを準備する。この田んぼではコシヒカリの背丈が九〇センチ、農林二二号では一一〇センチであった。とすれば、その差二〇センチはどのように生じたか、と考えてゆく。だから必然的に私の手元には背丈の高い品種や低い品種が集まった。このコレクションはみているだけでも楽しいものであった。もっとも低いものの背丈は、地際から穂のてっぺんまでが三〇センチたらず、もっとも高いものでは二メートルを超えた。先生には内緒で両方を交配してできた雑種を植えてみる、などという「遊び」もやってみたが、高いのから低いのまでいろいろなものが出てきて、興味がつきることはなかった。

ところで全アジア的にみると日本のイネは一般に背が低い。もっと背丈の高い品種はないかと国外の品種を調べてゆくうち、フィリピンやインドネシアなど熱帯島嶼《とうしょ》部の品種に背の高いものが多いことに気がついた。アジア中の品種をもっている研究室はないか、と思って調べたところ、静岡県三島市にある国立遺伝学研究所（遺伝研）に多数の品種のストックがあるらしいということがわかった。

実は遺伝研は私が一二年間あまりの研究生活を送ったところであるが、当時はまだそこで仕事をすることになるなどと考えたこともなかった。その応用遺伝部長をしておられた岡彦一先生の研究室を訪ねいろいろお話を聞いたときには少なからず緊張した。学生ひとり、先生の名刺だけを頼りに他の機関の大先生を訪ねるのであるから、度胸があったというか若いころだから出来た無茶なのだと思う。初めてお目にかかった岡先生は小柄にみえた。小さなテーブルの上に分厚いカタログを載せただけのにわかタイプ台の上に手動のタイプライターを一台おいて、機関銃のような速さで何かを打っておられたのを今でも思い出す。

岡先生の話では熱帯ジャポニカはたしかに背が高いが、そんなにむちゃくちゃに高いものはない、高いというか一番草丈の長くなるのは浮稲《うきいね》だろうといってその標本をみせてくださった。浮稲についてはその後私も幾度か見聞きする機会を得たが、生え際からもっとも長い茎の穂先までが優に五メートルはあろうかというものだった。

イネの背丈がどう決まるかを調べたいという私に岡先生は、「そういう研究のテーマならば、浮稲などを使うよりは、熱帯ジャポニカの背の高いのを使うのがいいでしょう」といって、幾品種かの種子をわけて下さった。後に私はそれらを試作してみたが、いずれも背丈が一八〇センチにも達しようかというイネで、そのとき私は初めて、日本のイネがアジアのイネの中でごく限られた集団に過ぎないことを肌で感じ取ることができた。

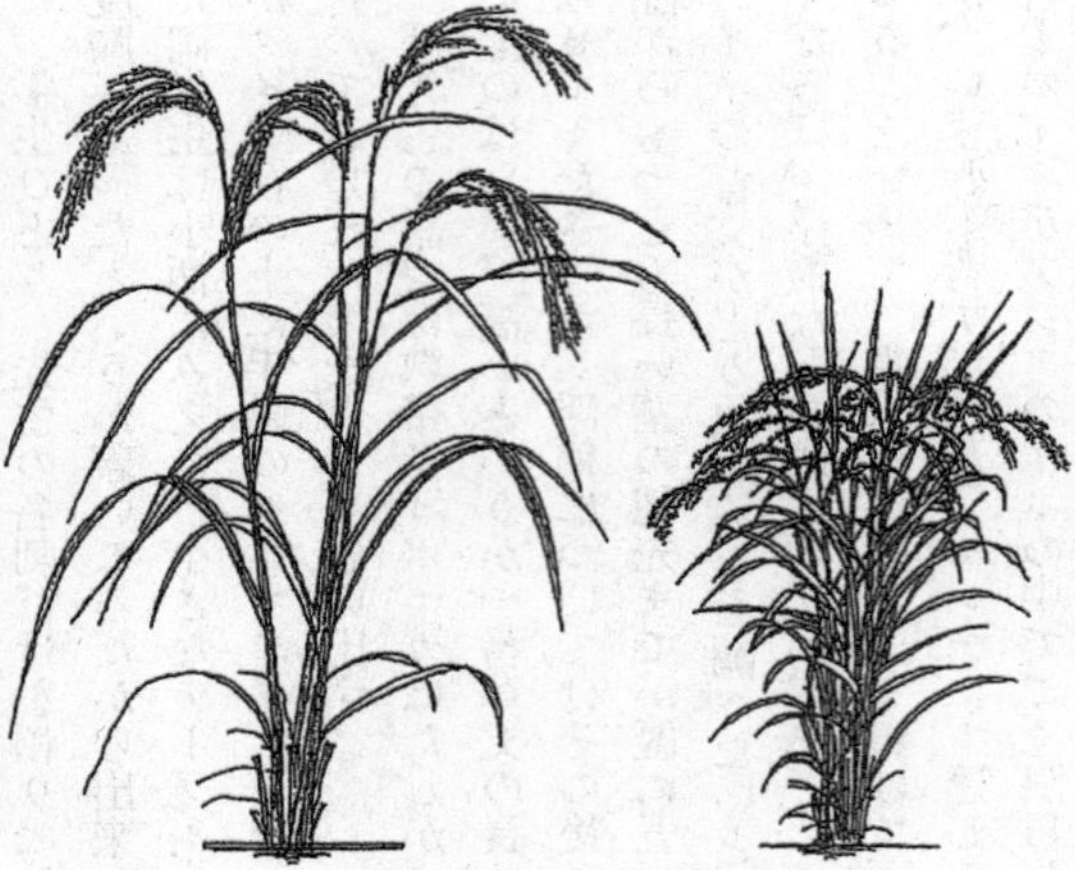

草型／（左）：穂重型、（右）：穂数型

異なる草型

熱帯ジャポニカと温帯ジャポニカは適応する環境にも大きな違いがある。それに伴って、両者の間には形態、生理などの点ではっきりした違いを生じている。とくに茎や葉の大きさ、形などの総称である「草型《くさがた》」にはかなりはっきりした違いがみられる。草型とは、葉や茎などの器官の大きさ、数などの違いで生じる草の部分の形をいう。こう書いてもさっぱりぴんとは来ないが、イネの草型には大きくいって「穂数型」と「穂重型」の二つがあると思っていただくのがよい。右の図にあるように、穂数型は、その名のとおり小型で多数の穂がつくタイプ、一方穂重型は比較的少数の大型の穂がつくタイプである。栽培環境にもよるが、穂数型品種では一株に二〇本もの穂がつくが、穂重型の品種では四、五本がやっとというものもある。その代わり一穂につく籾の数は、前者では一〇〇にも満たないが後者には三〇〇粒などというものもめずらしくない。結局のところ株あたりの粒数は大きくは変わらないことになる。

もちろん多数の品種を調べてゆくと、穂数型とも穂重型ともつかない中間的なタイプの草型をもつものもたくさんある。だから両者の区別はそうはっきりとしたものではないが、典型的なもの同士は明らかに異なる。

穂重型の品種は穂が長いだけでなく葉も茎も長い。私が今までに植えた品種の中では茎の長さが一九五センチ、穂の長さが三五センチなどという「つわもの」がいたが、地面から穂先まで二三〇センチもあった勘定で、これは今普通の田んぼに植わっている温帯ジャポニカのざっと二倍にあたる。この品種は葉もりっぱで、一番長いものでは長さ八五センチ、幅は三センチもあり、その姿はまるでススキのようであった。

さて、茎の長さもさりながら葉の長いことが熱帯ジャポニカの草型を決める大きな要因となる。というのは、穂重型の長い葉はどうしても横になびいたり垂れ下がりが

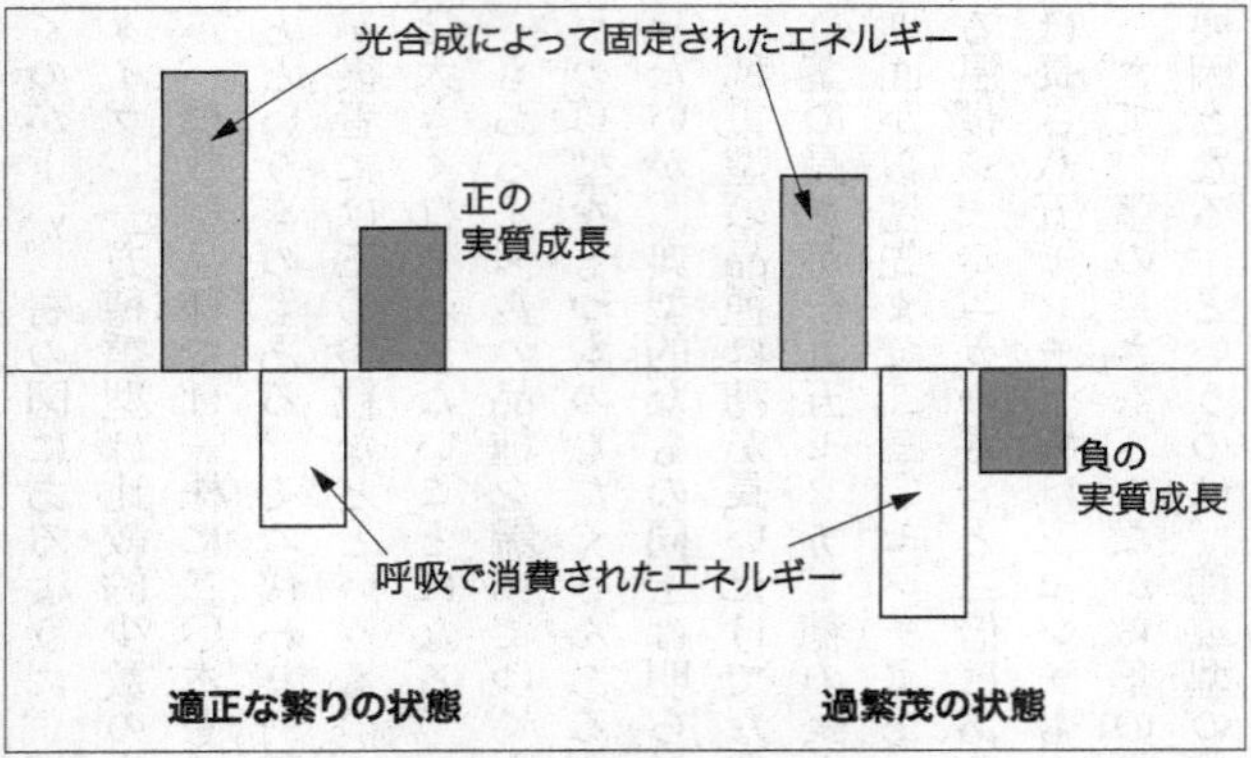

イネの過繁茂による生産性の違い

ちだからである。穂重型のイネではいきおい、長い葉がもつれるように重なり合い、群落の中には風も光も通りにくくなる。これがいわゆる過繁茂の状態である。一方の穂数型では葉は短いためにどちらかというと直立する。そのため群落内の空気のとおりもよく、また日光も下の方まで透過する。

イネが過繁茂になると、光合成のために働くのは群落の上面にあるごく少数の葉だけになる。残りの多くの葉には、光合成に必要な二酸化炭素も光も補給されない。彼らは、エネルギーを生産するどころか消費するだけのたんなる「お荷物」になってしまう。つまり、過繁茂になると、光合成によって生産する以上のデンプンを呼吸によって消費する事態に陥ってしまうのである。

こうなると、前頁の図のように、イネの生産性は急速に落ちてゆく。まるで、リストラの嵐で仕事をなくした人が増えたどこかの国の経済のようなものである。

生産性が落ちてから花を咲かせても十分な収量は望むべくもない。反対に生産性が十分高いうちに花を咲かせることができれば、それなりに収量が期待できる。そのためには、草型を穂重型から穂数型にするのがよい。そういうわけで、多くの国、それもいわゆる先進国では、品種を穂数型にする改良が続けられてきた。穂数型にするということは背丈を低くするということである。日本のイネを例にとれば、明治時代に国家事業として品種改良が始まってからの一〇〇年間でイネの背丈は約四〇センチも短くなった。このあたりの詳しい事情はまた改めて説明する。

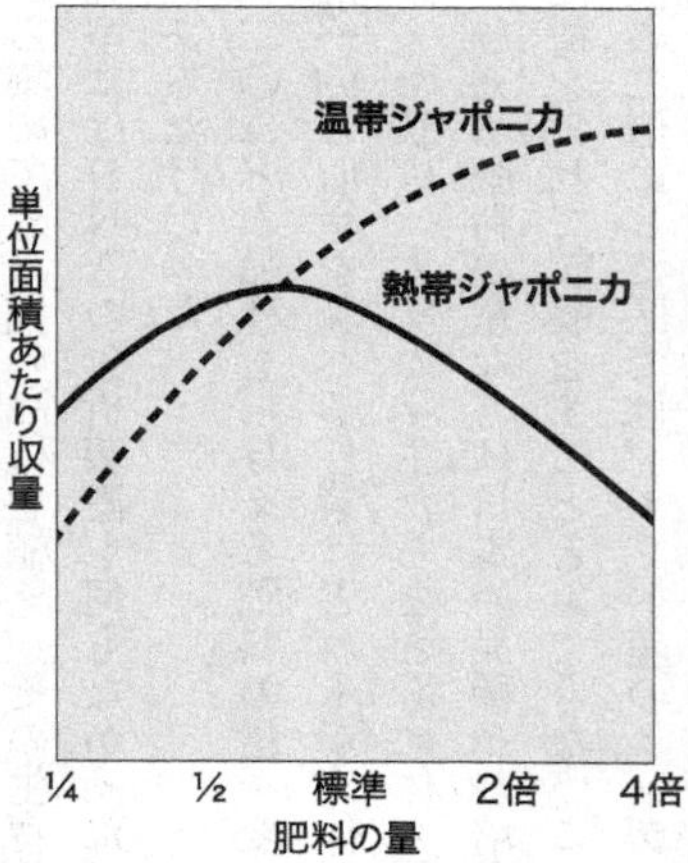

肥料の量と収量の関係

肥料要らずの熱帯ジャポニカ

もうかれこれ二〇年も前のことになるが、高知大学にいた私は諸外国から集めてきた稲の品種を植え、その生育や収量を調べていた。今と違って大学の研究室にはDNAの分析装置も何もなかった。ただ余りある広い田んぼと恵まれた気候があるだけだった。

二〇ほどの品種を、与える肥料の量を変えて栽培し、光合成の能力や生育の早さや最終的な収量を調べる作業はどれもが肉体労働そのものであった。でもまだ十分に若かった私は、大勢の学生たちとともに体力勝負の「農学」をやっていたのだった。

与える肥料の量などは日本の品種や栽培条件を標準にして考える。だから、外国の品種を入れて試験をするととんでもないことが起きることがある。肥料の分量を標準区の二倍にした区では、インド産のインディカ品種やインドシナ半島産の熱帯ジャポニカ品種の中には、草丈が二メートルに達するものも出てきた。抜き取り調査をしようと学生たちがその群落の中に入ると、どこにいるのかがわからなくなるくらい草のできがよくなってしまう。前項に書いた過繁茂の状態である。過繁茂になったあとに穂が出ると、収量は潜在的にもあがらない。それに加えて、背丈が高くなりすぎると茎が倒れてしまい、そうなると稔《みの》りは極端に悪くなる。穂が水の中に長く浸かったりしようものなら、穂についたままの状態で籾が芽を出してしまうことさえある。こうなるともはや収量調査どころではない。

過繁茂の状態が続くと、群落の中を風が通らなくなって病気になったり虫に侵されたりしやすくなる。こうした悪条件が重なり、実際、インディカや熱帯ジャポニカの品種の収量は、とくに肥料の分量を二倍にした区ではまともに量ることができなくなってしまった。もしどうしても強引に数字にするなら、こうした品種では177頁の図のように肥料をやれば収量が落ちるという、実に奇妙なことになってしまうのだった。

こうした熱帯性質が、熱帯ジャポニカを粗放な環境に適応させている大きな理由である。熱帯ジャポニカが長期的に衰退の一途をたどったのは偶然でも何でもなかったのである。

品種の移り変わり

品種とは何か

つい先年、長年フィールドにしてきた北ラオスのある村で、イネの品種の聞き取り調査をしたことがある。彼らがもっている品種の数は六。何年か前に調べたバン・タバン村では二五を数えたので、六という数字は私には意外であった。その意外さも手伝って、私はその「六品種」の種子のサンプルを多めにわけてもらって中にどれくらいばらつきがあるのかをたしかめてみた。すると予想のとおり彼らがひとつの品種と考えているまとまりの中にいくつものタイプがあることがわかった。たとえば晩生《おくて》(収穫時期が遅い品種)と彼らが呼ぶある品種の中には、籾の先端の色、護穎《ごえい》と呼ばれるはかまのような器官の色、籾殻そのものの色と形、などによって一一通りの異なる種類がみつかる。これは籾だけを対象にしたもので、草のほうにまで目をやればもっといろいろな種類があったに相違ない。そうすると彼らが品種と呼ぶものは、私たち現代の日本人の感覚では多くの品種の集合体だということになる。品種というのは生物学的な概念であるとともに一種の経済的な概念でもある。日本のコシヒカリにしても、農家で栽培するのに使う種子は、前年のある一株に由来するクローンになっているわけではない。栽培したり、食べたり、売ったりするのにさしさわりない範囲で同じ性質をもっているものの集合が品種なのである。その「さしさわりない範囲」がそれぞれの文化によって異なるだけで、複数の株に由来する種子の混合物であるというところに違いはない。

ではは彼らにとって「さしさわりない範囲」とはどういうものであろうか。聞いてみると一番重要なのは「モチ」であるという点である。私はラオスやタイで、収穫前の畑を多くみてきたが、どこでも、人びとはこの点にはこだわりをみせた。他の点にはこうも無頓着《むとんちゃく》なのにこの点だけはなぜ、と、幾度も聞きかけては言葉を呑《の》み込んだ。前段の部分を口にするのがはばかられたからである。つまり彼らには「モチであること」が「さしさわりない範囲」なのである。

次に大事なのは収穫の時期であるらしい。収穫のために毎日畑まで出向くのは大変である。収穫時期の似通ったもの同士を「品種」とくくっておき、まとめて種子をまき収穫するのが作業的には一番効率がよい。収穫時期があまりに違うのは、作業上さしさわりを生じるのであろう。

話が横道にそれてしまったが、同じことは日本の品種にもあてはまりはしまいか。農書に出てくる「品種」は、その当時の人びとにとって「さしさわりない範囲」でいろいろな遺伝子型の個体が混ざっていたのではないか。そう考えれば中世日本のイネにおける「品種」数が相当数に上ったであろうことは想像に難くない。

「百姓」たちの品種改良

このことを示すであろう「状況証拠」が、当時の記録などに出てくる「変わりもの」の存在である。変わりものとは、ある「品種」の畑の中に見出《みいだ》された、他の株とは違った遺伝的性質をもつ株のことである。変わりものが生じる原因ははっきりしないが、おそらくは突然変異か、または違う品種の間で生じた自然交配によるものと推定される。イネは自家受粉作物とされてはいるが、一パーセントほどの確率で自然交配を起こす。一パーセントという数字は低い数字と受け取られがちだが、決してそうではない。たとえば、一〇アールの田に植えられるイネは、植え方にもよるがざっと二万株。一株のイネはだいたい一〇〇粒ほどの種子をつけるから、一〇アールの田にある米粒はざっと計算しただけでも二〇〇〇万粒に及ぶ。その一パーセントは二〇万粒ほど。この数字は決して少ない数字ではあるまい。

実際イネを作っておられる方には自然交配率はもっと低いように感じられるかもしれない。それは現在の水田では同じ品種だけが植えられているため、自然交配を起こしたところで花粉は同じ品種から供給され、できた雑種も親と同じ性質をもつようになるからである。

変わりものは、いつも農民によって見出され選び出されてきた。変わりものが出てくるもうひとつの理由は、品種の中にはじめからいろいろなものが混じっていることにある。近世以前の変わりものはこれによるものが一番多かったのではないかと思われる。品種に対する関心が高まることで、農民たちは田の中にある変わりものの存在に気づくようになる。

これに、先ほど書いた自然交配が加わることによって、品種の中の多様性が保たれていたのであろう。江戸時代の末ころから昭和時代のはじめころまで、農民に見出され普及され全国的に有名になった品種は三〇を下らない。またこれらの中には、愛国、旭、亀の尾など、その後の品種改良にしばしば親として使われた基幹品種が多く含まれている。彼らは単に一農民であるにとどまらず、肥料、水利、土地改良などの面でも大きな働きをした。その意味では、今のイネ品種の基本を作ったのは江戸末から昭和にかけての自立した農民、つまり百姓たちだったということができる。

昭和にはいってから品種改良は国家の手に委《ゆだ》ねられることになる。国がその研究機関で育成した品種には、愛称の他に「農林〇〇号」という農林番号がつけられる。二〇〇〇年までに農林番号がつけられた品種は三七〇ほどになるが、そのほとんどがもうお蔵入りし、実際の栽培はほとんど認められなくなっている。

運ばれた品種たち

農民たちが作り出した品種は、彼ら自身の手で遠くにまで運ばれた。農民が旅をしたというと奇異に感じられるかもしれないが、彼らは思いの外よく旅をしたようである。とくに近世にはいると、「お遍路さん」、「お伊勢参り」、「大山詣で」といった、リクリエーションを兼ねた巡礼の旅がさかんに行われた。近世には藩を越えた旅行はきつく制限されていたにもかかわらず、宗教行為というういわば超法規的な許可を得て旅をする人が多くいた。彼らの「旅」がいかにポピュラーなものであったかは、今井誠則・山内義治さんの『大衆観光の生態史』（渓水社、一九九九年）を読むとよくわかる。山内さんによると、江戸時代にはこうした巡礼の旅を手配する手配業者までが現れ、宿泊の手配なども引き受けていたという。旅行業が商売として成立するほどに動いた人びとの多くは農民であった。街道沿いの田に植わる品種は地域によって大きく違っていた。初めて目にする異郷の地の田や品種の姿に、旅する農民たちの好奇心はかきたてられた。少なくない農民たちが、異国の稲籾を国にもち帰った。品種は、人によって運ばれたのである。

こうした経過で育成された品種には、たとえば岡山県で作られた品種「雄町《おまち》」がある。雄町は今では少量が酒造用に栽培されるにすぎないが、一時は西日本各地で好んで栽培された優良品種であった。またそれからは、「渡船《わたりぶね》」という品種が福岡県農業試験場で出され、近畿一円から中国地方などに広く栽培される品種となった。さらにそれが米国に渡ってカリフォルニア米の礎を築いたことはよく知られている（本書第二章153頁参照）。この雄町は、岡山県の雄町村（現在の岡山市雄町）付近の農民が大山詣でに出かけた帰り道に、新見市付近の田の中に他の株より背が低いものをみつけてその穂をもち帰ったのにはじまるとされている。

収穫高は増え続けたのか

187頁の図は、この二〇〇〇年間におけるイネの一反（一〇アール）あたりの収穫量（反収《たんしゅう》）を示している。二〇〇〇年も前の田の収穫高を推定することは容易ではないが、ここでは一九〇キロという値を採用した。その根拠は寺沢薫さん（橿原考古学研究所）と私たちのグループが独自に行った実験で得た値である。両者とも、二〇〇〇年前の農法をなるべく忠実に再現して栽培試験を行ったのであるが、寺沢さんが出した数値は一一三キロ（七・五斗。一斗を一五キロと換算）、一方私たちの出した値は二六〇キロであった。私たちの実験の詳しい内容は前著『森と田んぼの危機《クライシス》』で述べたとおりで、静岡市の登呂遺跡博物館の土地をお借りして、県内の考古学者や大学の学生たちが集まって「弥生の農耕」に精出して得た数値である。なお前著では三七〇キロという数値が出ているが、これは籾がらをふくめた籾収量であった。これを玄米の収穫高にするため〇・七という係数をかけて二六〇キロという値を算出した。この実験は一〇年以上にわたって休耕されていた土地を開いて作った田の一年目の値であるので、高めの値が出たのかもしれない。

一方寺沢さんの実験は、出土した穂のサイズと同程度のサイズの穂をつけるイネを、放棄された水田から探し出して収量を実測したもので、用いられた品種は現代のものと思われる。現代の品種は粗放栽培には適応せず、穂のサイズより穂数を大きく減少させていることが想像される。そんなこんなで二つの値を単純平均して二〇〇〇年前の推定値としたのだが、相当の誤差は覚悟しなければならないかもしれない。いずれにせよ、当時の収穫高は一一三キロよりは多く二六〇キロよりは少なかったであろう。

さて二〇〇〇年前の収量の推定値が大きな幅をもつのはしかたないとして、米の反収はその後どう推移したのか。驚くべきことに、米の反収はその後の二〇〇〇年ほどの間にほとんど増えていない。明治二〇年の平均収量が約一八〇キロというのだから驚くほかないが、この値はかなり信頼のおける値である。二〇〇〇年前から明治二〇年までの間の収量を正確に推定する方法はまだみつからないが、おそらくは全体には一六〇～一九〇キロほどの値で推移したものと思われる。つまり反収に関していえば、右上がりの成長を遂げたのは明治後半以後の数十～一〇〇年の間だけであってそれ以前はずっと伸び悩みを続けてきたことがほぼたしかである。

なお今明治以前の二〇〇〇年間に米の反収を示すよいデータがないと書いたが、史料中に反収に関する記述がないわけではない。鬼頭宏さん（上智大学）は、さまざまな統計を用いて江戸時代の石高《こくだか》などを試算している。石高を耕地面積で割った値を反収とすることにすると、その値は江戸時代初期（一六〇〇年ころ）で一二六キロ、末期で一三五キロで、全期間を通じて一二六〜一四九キロで推移している。推定値全体

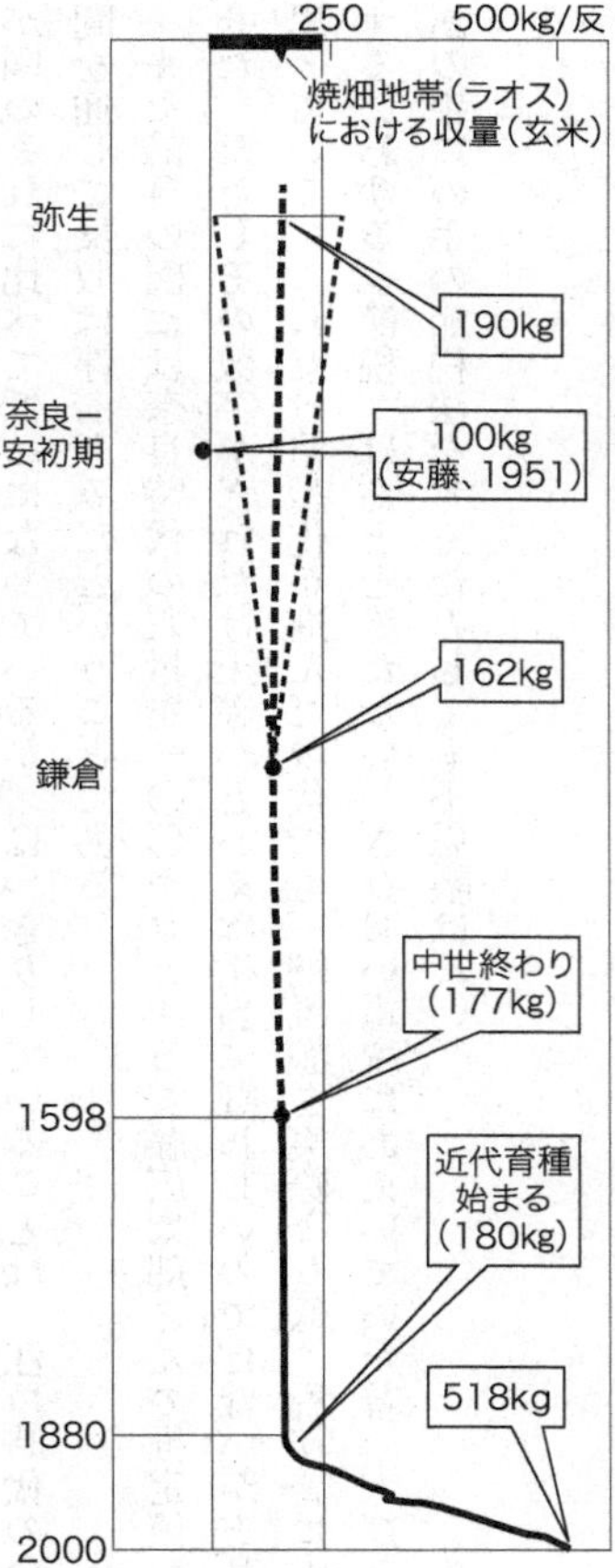

イネの収量の経年変化

が図のそれに比べて低めになっているが、はっきりしていることは、江戸時代の全期間を通じて反収は停滞ぎみだということである。

また前頁の図には奈良時代の収量を一〇〇キロとする安藤広太郎さんの推定値を載せた。ただしその数字がどれだけ正確かといえば相当に疑わしいのではないかと私は思っている。これだけ情報化が進んだ現代でも、納税額を実際より低く税務署に申告するいわゆる「節税」はあとを絶たない。きびしい重税にあえいでいた昔の人びとがあの手この手の節税法を考えたとしても不思議はない。

なかなか広まらなかった水田稲作

水田は広まらなかった

第二章に紹介した話を総合すると、畔や水路を伴った水田は弥生時代からあったものの、それらが永続性をもってひとところに定着することはなかったということになる。弥生時代から古墳時代の日本列島に、現在のような水田の景観は広まっていなかった可能性が高い。つまり水田が常畑として長くひとところにありつづけることはなかったようにもみえるのである。

そのことを簡単な思考実験で確かめてみよう。今、薄い透明なセルロイド板に、ある一〇年間の集落と田の位置を描いたとしよう。次の一〇年間の位置は、次のセルロイド板上に描く。こうしたセルロイド板を重ねて上からみたら、集落や田はどうみえるであろうか。おそらくはその地域にたくさんの集落があり、土地の多くが田に開かれていったかのようにみえるに違いない。

遺跡から得られる情報は一種の積分値のようなものである。ひとつのヒトの集団が時期と場所を転々と変えながら残した行為の数々は、後世の人びとの目には、あたかもそれだけの数のヒトの集団がそれぞれの場所で永続的にその行為をなし続けたかのようにも映る。数百年、あるいは数十年という時間のできごとが一瞬のものとして出土することは、発掘という作業の性格上避けがたいことのように思われる。弥生時代に水田が急速に増えたかにみえるのもまた、そうした虚像に過ぎなかったのかもしれない。

従来からの弥生時代の水田稲作のイメージが虚像だとすれば、新たに二つの問題が生じることになる。ひとつは、今私たちの目の前に広がる水田がいつ登場したのかという問題である。私たちはこれまで、現代のような水田と水田稲作が弥生時代に渡来しその後速やかに姿を整えてきたものとばかり考えてきた。それがそうでないとすれば、現代の水田や水田稲作の始まりは当然議論の対象になる。

第二に、水田稲作の拡大にどんな力が作用したかである。水田や水田稲作が現代のそれらに転じるにはそれ相応の力が作用したはずである。また現代のような水田や水田稲作の成立に長い時間を必要としたのなら、水田や水田稲作を広めまいとする力も作用したに違いない。いったいどういう力が水田や水田稲作の拡大に作用したのか。次にこれらの問題について考えてゆくことにしたい。

荘園絵図にみる土地利用

結論からいえば、常畑としての水田は中世に入ってもなかなか定着しなかったらしい。不耕の田の事例は古代以降中世まで、実質的に当時の土地制度の基礎をなしていた荘園の中にもみることができる。

古代に入ると、土地は、口分田に代表されるように、建前としては国家のものになった。耕作者はある一定の面積の土地を貸与されて耕すにすぎなかった。だから死ねば土地は国に返さなければならなかった。それが無条件に相続されることはなかった。

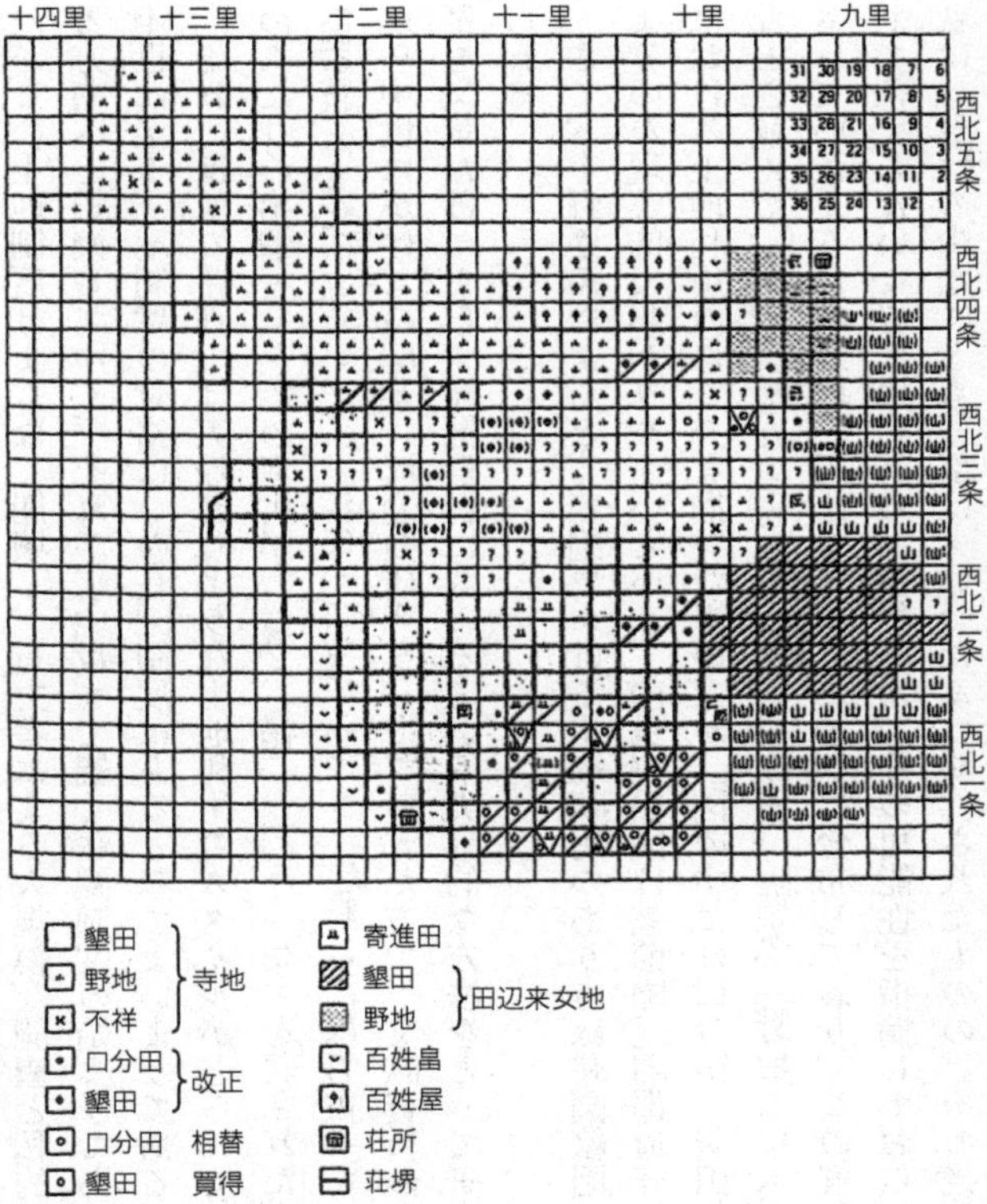

注（　）は「越前国司解」により補記。
（山）は開田図に山の文字がなく、山が描かれている坪。
〈山〉は金田説による現地比定案で山地になる坪。

荘園における土地利用の様子

（『荘園の考古学』宇野隆夫著、青木書店、2001 年より）

だがこの土地制度はまもなく崩壊し、有力者による大規模な開墾と私的な所有を認める方向へと転換してゆく。それが、中世まで続く荘園制度の始まりであり、古代から中世に至る土地制度の骨格はこの荘園制度にあるとみてよいようである。

それではこの荘園では実際どのような土地利用のスタイルがとられていたのか。そのあたりの事情を『荘園の考古学』(青木書店、二〇〇一年)を著された宇野隆夫さん(国際日本文化研究センター)に従ってみてみよう。宇野さんは考古学をベースに古代から中世にかけての産業、流通の研究をしてこられた方で、文献資料のある時代の考証を文献だけによらず発掘資料にもよるという実証的な方法をとって研究を進めておられる。

さて、宇野さんによると、荘園における土地利用のあり方は荘園絵図などの絵図によるのが現実的でわかりやすいという。前頁の絵図は越前国足羽郡道守村の東大寺領における土地利用のあり方を描いたものだが、図の中には口分田、墾田という「田」などと並んで、山、野地などという区画もみえる。従来、「野地」は未墾の地と解釈されていたようだが野地と田は互いに入れ子状に分布しており、この解釈が必ずしもあてはまらないように思われる。宇野さんもその可能性を指摘しておられるように、私は「野」の少なくとも一部は、いったんは耕作されたものの、その後放棄された不耕の土地であったと考えることにしたい。

絵図に描かれた土地利用がどれだけ正確であるかなど、絵図そのものの本質に関わる部分の解釈は専門家にまかせて、ここではこの荘園における田と野地の割合を計算してみよう。すると、全部で三六〇ほどの区画のうち田が一四〇区画ほどに対してそれ以外が二二〇区画ほどとなっている。この数値をそのまま当てはめるならこの寺領にあった三六〇区画の土地のうち、四割弱が耕作に使用されていたに過ぎないことがわかる。野地のどれほどがいわゆる休耕田であったかの検証は今後必要となろうが、古代荘園ではまだ相当量の土地が休耕田を伴っていたことが想像される。

他の文献にみる土地利用

松尾光さん（神奈川学園高校）は、大和国宇智郡佐味条四里三〇坪というところにあった「大和国栄山寺」の七段《たん》の土地について、「紀元一〇一三年に三段を耕営（つまり四段は休耕）していた。（中略）（そして一二年）後には土地が九段一〇〇歩へと増加したが、耕作地は二段に減少」したという（『古代日本の稲作』雄山閣、一九九四年。140頁、一部筆者改）。要するに古代の末になっても、この寺が大和国にもっていた寺領の相当部分が何らかの理由で耕作に供されていなかったことになる。

また甲元眞之さん（熊本大学）も、一一世紀中ごろの例として「（伊賀国興福寺・東大寺領三〇〇余町のうち）三分の一が耕作地であり、筑前碓井封田では四三パーセントがその年耕作されていなかったという記録もある」（『古代史の論点1』小学館、二〇〇〇年。176頁）としている。

このように文献資料に現れた断片的数字からでも、中世に至ってなお、そして私有地であった荘園や寺領内にさえ、相当量の不耕田があったことがわかる。第二章で曲金北遺跡（古墳時代）の不耕田の可能性を指摘したが、その流れは中世にまで及んでいたのである。広大な平野の全面が黄金色一色に覆われる、見渡す限りの水田の景観は、中世になってもなお出現していなかったということをここで念頭に置いておきたい。

「見渡す限りの水田」という景観が登場したのは、おそらく太閤検地のあと、あるいは近世に入ってからではないかとさえ思われる。荘園というような、当時としては生産性を追求した土地でさえそうであったのだから、荘園にも囲われなかった土地ではどうだっただろうか。「荘園に囲われなかった土地」がどれほどあったか、私ははっきりとは知らないが、絶無であったとは思われない。そうした土地に、画然たる水田が広がっていたと考えるのはおよそ自然ではない。日本列島における水田の広がりは、その意味からも従来考えられてきたほどには進行していなかったと、私は考えたいのである。

不耕田は休耕田

荘園のように私的に所有されたとみられる土地でさえ相当量の不耕田をかかえていたことは、古代から中世にはまだ、常畑が一般的にはなり得ない何らかの理由があったことをうかがわせる。古代から中世の田には「かたあらし」と呼ばれる技術があった。これは土地が荒れるために一年耕作すると次の年には耕作をやめる（土地を休ませる）やり方である。それは土地の放棄でないことから、一種の休耕のシステムであるということができる。とすれば、太古の昔から中世に至るまでの不耕田は休耕田であったと考えることはできないか。休耕と土地の放棄とどう違うかといわれるかもしれないが、少なくとも耕作に携わる人びとの心の中では両者ははっきり別なものであると思う。耕作の放棄は、土地からの一方的な収奪に過ぎないが、休耕は疲弊した土地を休ませまた耕作に供しようという再生の思いがこめられている。

私がここにこだわるのは、土地の放棄と休耕とでは生態系に与えるダメージがまったく違うからである。放棄は、たとえば現代の熱帯における多くのプランテーション農業がそうであるように、生産をあげられるだけあげておいて土地が疲弊してしまった後のケアは一切行わないやり方である。結果、熱帯の豊かな森は切られ、あとには表土までが洗い流されていっさいの稔りを失った裸の土地がどんどん広がってゆく。熱帯林の喪失である。一方休耕の思想に従うと疲弊した土地はいったん山に返される。第一章でも書いたように、インドシナ山岳部で今もまだ焼畑を行う人びとの思想はそうである。彼らは土地を山に、山の神に返すと思っている。

耕作、それも特定の作物だけを植え続ける単作が土地を傷めることは、古くから知られていた。日本語では「いや地」といわれる連作障害もそのひとつである。何が原因で連作障害が起きるかは作物の種類によってさまざまに異なる。同じ作物を植えつづけることで病気や害虫が増えるとか、中には自分が出した毒性の物質に反応してしまうなどという例もある。

連作障害の現象を理解した昔の人びとは「休耕」、「輪作」などの技術を編み出した。休耕は何年かにわたってある期間耕作をやめるものであるが、輪作は違う種類の作物を順番に栽培する技術で、耕作は毎年続くものの作付けされる作物は変化する。

ところで水稲は、くりかえし耕作してもこの連作障害が起きないじつにまれな作物であるといわれる。実際連作障害が起きていないのか、軽すぎてみえないだけなのかはわからないが、たしかにはっきりとした障害はみえてこない。ただし同じイネを畑で栽培するとやはり連作障害が出ることから、水を溜《た》めるという操作にヒントがありそうである。

水田稲作の広まりを押しとどめた力

生態系と遷移

水田稲作の広まりにこのように長い時間を要したのは、その広まりに対する相当に根強い抵抗があったからである。一番の抵抗勢力はやはり生態系に働く自然の力であった。生態系は「水田」を必ずしも受け入れはしない。水田稲作は環境に優しいなどというが、それは大規模な畑作や熱帯での収奪的なプランテーションに比べた場合のことで、とくに現在の日本の水田稲作は決して環境に「優しい」といえるようなものではない。ここで一度、生態学の立場から、水田の生態系をみなおしてみよう。

日本列島では植物が切り払われてできた土地は、多くの場合すぐ草だらけになり、やがては森に戻ってゆく。生態系におけるこうした植生の変化を遷移という。遷移の終点が極相といわれる状態で、普通は深い森になる。生態系は、外圧が加わらない限り、長く極相の状態にありつづけると考えられている。遷移のプロセスを中断させ、あるいは極相の状態にあった生態系を裸地や草地にする作用を攪乱《かくらん》という。攪乱には、火山の爆発、山火事、洪水など自然環境によるものと、伐採、定住、耕作などヒトの行為によるものとがある。生態系での植生の変化は、遷移と攪乱という相反する二つの力によって起きている。

遷移が進まず、ある状態——たとえば草地の状態——で止まったままになっているようにみえる場所がある。大きな川の河川敷などがそれにあたる。河川敷がいつまでたっても森にならないのは、定期的にやってくる洪水が、まるでリセットボタンを押すかのようにくりかえし訪れ、遷移の流れを押し戻すからである。関東と東海とを隔てる箱根山の南縁から伊豆《いず》半島北部にかけてのいわゆる南箱根一帯の稜線《りょうせん》には、森は育たずクマザサの群落が定着している。風が強く、背が高い木本《もくほん》は育たないのである。こういう場所では、遷移を進めようとする力と強風という攪乱の力がバランスをとって釣り合った状態にあるといえる。こういう釣り合った状態の生態系は一見安定しているようにみえるが実際は極めてデリケートな状態にある。

人間が作り上げた生態系である田畑や都市空間も、デリケートなバランスの上に成り立った生態系である。田畑や都市空間では、強い攪乱が持続的に加えられている。耕地では、ヒトの意思によって栽培された以外の植物はすべて「雑草」として排除される。都市空間ではヒトの意図はさらに横暴をきわめる。空地には除草剤が撒《ま》かれ、土が露出したところはことごとくアスファルトで固められ、ほとんどの植物はその生を認められない。そこに生き続けるのは、よほど強靭《きょうじん》な生命力をもった植物か、または自分の生死を完全にヒトに委ねた——ヒトの庇護《ひご》なしには生きてゆかれない——ひ弱な植物かのどちらかである。

水田の維持は大事業

耕作という行為は、現代に住む私たちにとってさえ大変な作業である。太古に住んだ人びとにはもっと大変な作業であった。

イネを作ったことのない方々も多いだろうから、今の稲作の方法を簡単に紹介しておこう。種籾（種子）はよく消毒したうえ、水や温度をコントロールした苗代に播きつける。苗が育つまでの間、田に水を入れて土をよく砕き、肥料をやったうえで土地を平らにならす。この作業を代掻《しろか》きという。除草剤は代掻きが済んだところで撒いておく。こうしてできた田に、苗代で育てた苗を田植えする。あとはイネの成長に応じて草を取ったり病気や害虫の発生に応じて薬をまいたりする。穂が出る前後には必要に応じて再び肥料をやることもある。水の管理は重要で、毎日朝晩に田を訪れて水をコントロールする作業は穂が出てしばらくするまでただの一日も欠かせない。

さて、こうした一連の作業であるが、太古の人びとにとってはひとつひとつが大変である。まず肥料まき。化学肥料はおろか堆肥《たいひ》や厩肥《きゅうひ》も知られていなかった時代である。耕作を続けることで地力は確実に落ちたはずである。「地力の低下→収量の減退」という必然的な流れに、人びとはどう対処したのだろうか。

次に除草。雑草は作物と同じく、ヒトが作った攪乱環境を好む草の仲間である。しかも温室育ちの作物とは違って常に排除の対象とされてきた歴史をもつだけに強い生命力をもっている。たとえば、雑草は競争相手となる作物に比べて、発芽直後の成長が早い。種子をつける時期も作物より少しだけ早く、作物の収穫時期には成熟した種子を地面に撒き散らして来年以後に備えている。雑草の生命力を進化させたのは、皮肉にも作物に対するヒトの過保護であった。だから雑草は、取れども取れども耕地の中で増え続けるのである。雑草の害に追い討ちをかけるのが病気や害虫による被害である。しかもこれらは大発生すると手の打ちようがなく人びとはただ手をこまねいてみているしかなかった。

水田という、イネだけが生存する生態系を長期にわたって持続させ収穫をあげるには、莫大《ばくだい》な量のエネルギーを必要とする。今のように、化学肥料、農薬、ガソリンエンジンなどの「武器」があればまた話は別である。しかしそうした武器をもたないいわば丸腰の時代の人びとには、水田はその維持が極めて困難なシステムであった。近世以降の農民が這いつくばるように草を取り、病気や害虫の駆除法を発明し、せっせと肥料を田に運んだのも、そうしなければ収穫の増加はおろか水田そのものの維持が危うかったからである。その意味で、もしそのころの水田が環境に優しかったというならば、そこを耕し維持する人びとにとってはずいぶん過酷な存在であったに違いない。

こうしてみると、第一章に紹介した焼畑における休耕はまことに理にかなった農法だということがあらためて理解できる。肥料分が切れ雑草が増え、さらに病気や害虫が発生するようになった田は放棄し、別の新しいところを田に開く。そのほうがより楽に、より安全に、収穫が約束される。少なくとも開くべき土地が潤沢な間はそうであったに違いないのである。

水田稲作を広めた力

限りある土地

常畑化した水田の稲作を広めようとしたのは明らかに人為的な力、それも支配者の力であった。

常畑化した、見渡す限りの水田は決して長い歴史をもつわけではない。このことは第二章以来くりかえしのべてきたところであるが、それは水田という生態系や水田稲作の広まりに抵抗するさまざまな力が働いたためである。一方、人口の増加などによって自由に使える土地に制約が出てくると、それまでのように従来の耕地を放り出して新たに開墾することができにくくなる。一箇所の土地を耕し続ける時間は長くなり、常畑化が進行する。

人口が増えて耕作に適した土地があらかた開かれてしまうと、今度は休耕の期間がまだ十分でない土地を開かなければならなくなる。そうすると森から得られる養分は減少して単位面積あたりの収量はダウンする。収穫の絶対量を確保するには以前より大きな面積を開かなければならなくなって、森や休耕地の面積は加速度的に減少してゆく。こうなると森から得られるエネルギーはさらに一層少なくなる。こうした悪循環の萌芽は、おそらく古代の初めにはすでにあったのだろうと想像される。

土地を常畑として耕し続けるためには、養分を肥料として外からもち込まなければならないが、先出の松尾光さんは古代には肥料があったと考えている（前掲書、145頁）。ただし肥料といっても、魚カスのようなものを別とすれば、生態系の中のどこかで生産された植物質を確保しなければならなかった。日本の農村には近代に入ってもなお共同の「入会地」があり、そこは肥料となる下草の刈り場などに使われていた。こうした「入会地」などから得られた植物質を肥料として使っている間は、生態系のバランスが大きく崩れることはない。しかしその維持のためにはいきおい、土地の一部は非農地として保全しておく必要が生じることになる。

荘園という私的土地所有の形態は、常畑化を一層進める方向に作用したと思われる。荘園は権力者や社寺など大きな富をもつ個人、団体が私的に開墾した土地である。経済の原則からすれば生産高は当然開墾の費用に見合ったものでなければならず、土地生産性を高めようとする力が作用する。園内に広大な休耕地を残しておくことは得策ではないし、反対に灌漑の設備などを完備して集約化を図りまた二毛作を導入するなどして多角化を図ったという(宇野隆夫氏、前掲書、14頁)。

こうした投資の行為は、荘園の持ち主やそこで耕作する人びとをますます土地に縛りつける結果となった。物質的にも精神的にも、人びとは土地に帰属してゆく。そして田は次第に、休耕の期間をもたない常畑へと変わっていった。

鉄と稲作

農業技術上の変革も、水田稲作の後押しをした。たとえば鉄製農具の導入がそうである。鉄製農具の登場で、水田稲作の作業らしい作業が初めて可能になったといってよい。だいいち木製農具を作るにしても鉄の道具がないと満足なものはできない。木をまっすぐに切ることさえできない。繊維の方向に切るなら楔《くさび》などを打ち込んでいわゆる「みかん割り」をすればできなくもないが、繊維と直角方向に正確に切るには鉄の有無は決定的に重要である。

このように考えると、水田稲作が始まったのは畔や水路などのしかけをちゃんと造れる農具、つまり鉄製の農具が導入されて以後のことと考えるのが自然である。それも、既製の鉄製農具が導入されたというだけでは不十分で、自前で製鉄し、十分な量

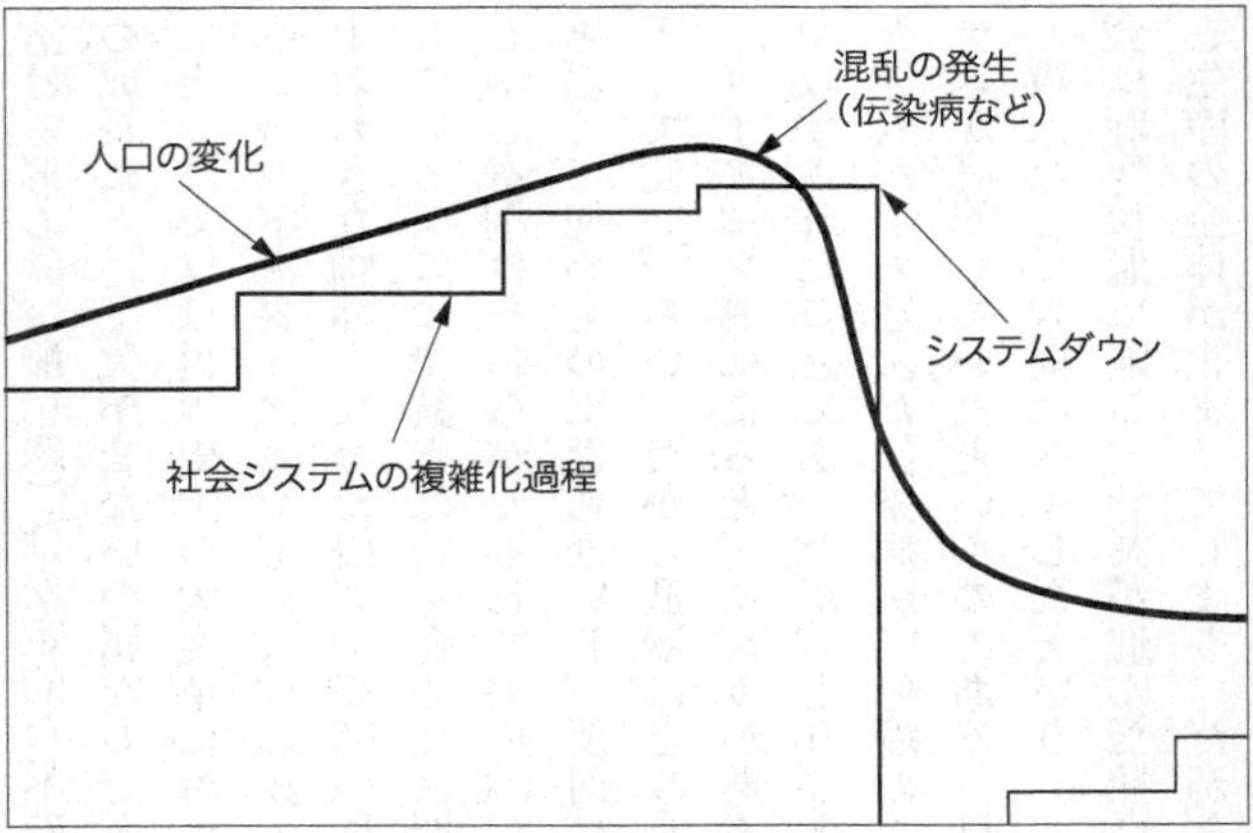

社会的混乱期のシステムダウン

の鉄を供給するシステムができることが重要である。わずかばかりの鉄製農具が輸入されただけでは、それらが農具となって生産の現場にまで下りてゆくことはないからである。

水田稲作の広まりを考えるとき、鉄にはもうひとつ大事な効用がある。地球上には地殻の数パーセントにも達する多量の鉄があるが、それらは他の金属や酸素と結合した状態で存在する。酸素と化合した鉄元素は水にも溶け、植物の身体に吸収されるが、これがイネにとっては重要な役割を果たす。イネを鉄欠乏の状態に置くと、やがて葉が黄色っぽくなって生気がなくなってくる。成熟期に鉄欠乏になると収量が大幅にダウンする。水に溶ける形の鉄（酸化鉄）は安定的な米の収穫には必須であった。このように鉄はイネの成長にとって欠かせない金属なのである。

ところで鉄は世界史上の大変革におおきくかかわったことが知られている。ジャレド・ダイアモンドの力作『銃・病原菌・鉄』（草思社、二〇〇〇年）では歴史上おおきな画期となった侵略や集団の移動に、この三者が果たした役割が明快に語られている。ここで銃とは銃を含めた武器を指す。鉄以前の武器は青銅で造られていた。しかし青銅はやわらかくそれで実用的な武器ができたかどうかは疑わしい。細く造ると弱くて使いものにならないし、反対に武器として十分な強度をもたせようとすると重くて使いづらい。だから武器はどうしても鉄のほうが優れていた。

ダイアモンドによると、インカがあんなにも簡単に崩壊した最大の理由は鉄の武器で攻撃されたことにあったが、もうひとつの理由は伝染病の大流行であったという。西洋人がもち込んだ伝染病が、免疫のないインカの人びとの間で大流行し、社会システムが麻痺《まひ》していたというのである。日本でも応仁の乱前後に京都周辺の人口は疫病と殺人などで大幅に減少したという。人口がある割合を超えて急激に減少すると、社会は麻痺状態に陥る。分業が進んだ社会では、分業の環を構成する誰かがいなくなると生産の全体が止まってしまう。だから人口の減少は連続的であっても、生産は一〇

○からゼロへと一気に減少する。機能の麻痺が役所に及ぶと国家機能が止まり社会は大混乱に陥る。警察力が麻痺すれば略奪や強盗、殺人が増えて治安が破壊されてしまう。だから疫病の大流行は国や社会を滅亡の危機に陥れかねない大事なのである。どの場合にも、侵略を受けた側は侵略者がもち込んだ未知なるものにほんろうされ大混乱を引き起こした。「未知との遭遇」が侵略者の勝利を決定的なものとしたのである。

もっとも侵略は常に成功を収めたわけではない。おそらく成功数をはるかに上回るだけの失敗がくりかえされてきたはずである。一時ユーラシア大陸の大半を支配した元《げん》の帝国は日本列島にも攻め込んだがほとんどその目的を達することなく撤収を余儀なくされた。それが台風という奇跡に救われたという事実はあるにせよ、台風がなければ元の侵略が成功したかといえばそれもまた疑わしい。日本の風土は、元の兵士たちやその武器の主軸であった馬たちにはあまりに多湿である。また多湿な環境を好む目にみえない微生物による感染が彼らをひどく苦しめるようになったに違いないと思われるからである。

常畑化は支配層の発想

古代に入って国家がその体をなしてくるにつれ土地制度とあわせて税制が整備された。奈良時代には口分田の制定をはじめ土地制度にかかわるいくつかの重要な施策が行われたが、それらは土地を国家管理のもとに置き、それによって税を取りたてようという施策の一環であった。税を取りたてるにはまず、どこどこにムラがあり、そこには何人の人口があって収穫がいかほどかというセンサスが必要になる。それには区画つまり面積のはっきりした常畑のほうが移動をくりかえし面積の評価さえ困難な焼畑よりずっと都合がよい。

東南アジアの焼畑地帯でインタビューをする場合、いつも手間取るのが栽培面積の聞き取りである。今年の収穫高や去年のそれは聞くとすぐに答えが返ってくるのに、面積のほうはなかなか答えが返ってこない。もちろんそれにはさまざまな都合や思惑が関係しているのであろうが、正確な面積がわからないことも少なくないと思われる。正確に面積を測る習慣や必要がないケースもあるのではないかとさえ思われる。そんな場合でも、播きつけた種子の量は覚えているようで、「いくらの種子をまくといくらの収穫がある」という返事が返ってきたことはあった。つまり彼らには一反（一〇アール）あたりの生産高を意味する「反収」の概念がないのである。

反収は分母に面積を置いた数字で、土地生産性を示している。その値が大きいことは集約性が高いことを意味する。つまりこの値の高さはそのまま土地を耕す人たちの技術の高さや勤勉さを表す指標なのである。

土地を支配する側にとって、いかに狭い土地から高い生産を上げるかはコストパフォーマンスの面からいってもっとも注目される。生産の土地をいかに狭くできるかは、開墾や維持管理の経費にそのままはねかえるからである。したがって、反収の増加は、とくに水田稲作のように溜池、水路、大畔など大型の土木工事を必要とする稲作では、永遠の課題になる。さらに近世に入り、新田開発などの大型開発が行われるようになると、反収への志向性は一層強いものとなった。

反収の発想が、こうした開発、工事の出資者である支配層のものであることは容易に想像ができよう。では、この概念は耕作者には受け入れられたのだろうか。近世には「五公五民」などのように税率が定められていたので、その限りでは生産高を増やせば実収入も増えることにはなる。だが耕作者たちは単純にそうは思わなかった。

なお「反」は今では公用の面積単位でなくなった。今では、「一〇アールあたり収穫高」という言い方に変わっている。二〇〇〇年現在、日本の水田の一〇アールあたり収穫高は約五一八キロである。

農書と農民

近世に入ると日本の各地で農業技術などについて書いた「農書」が世に出ている。農書に書かれた内容は、農業の心得に始まって、さまざまな技術、作物やその品種の特性と栽培法など千差万別だが、藩主が役人などに命じて書かせたものが多いようである。

農書に書かれた技術の広まりはたしかに農民の知恵を豊かにし、生産の向上にも貢献したことであろう。その意図は藩の農業生産、なかんずく米の生産を上げようというもので、それも農民個々人というよりは藩全体の収益をいかに上げるかに主眼をおいて書かれている。

たとえば会津藩の農書である「会津農書」では、イネの品種に早生《わせ》、中生《なかて》、晩生《おくて》などがあるとした上で、「一般に晩生種のほうが収量がよくなるので皆それを植えたがるが、冷害が来たりすると収穫が激減するのでなるべく中生にするように」、などと書かれている。いちかばちかで晩生品種を植えようという農民が多かったのであろう。農民がいつもお上の意向に添うとは限らなかったのは、日本全国どこでも同じであった。嵐嘉一《かいち》さんの『日本赤米考』にも、当時の農民と藩主とのおもしろいかけひきの模様が描かれている。九州など西日本では中世に「とうぼうし」などと呼ばれるインディカの赤米品種が各地にもち込まれた。食味はよくなかったが旱魃《かんばつ》などのストレスに強い、よくとれる、年貢の対象とならないなどの理由から、人びとは好んでこれを植えた。「とうぼうし」の流行をまずいと考えた藩主たちは、ついにその栽培を禁止する令を出すに至った。

農書はまた、農民たちに倹約質素を教える「道徳教科書」の役割の一端をになっていたともいえる。次に述べるように支配者たちは農民の支配に儒教などの宗教を盛んに利用したが、教義の普及にも農書などは盛んに利用された。

水田稲作と宗教

水田稲作が土地に対する固執性を高めることは容易に想像できるが、これはもともと支配者にとってのことで、実際に田を耕す側の人びとには土地に固執する必然性は本来はあまりない。焼畑のように耕作と休耕をくりかえす農耕のほうが技術的にも楽な面があるし、今よりもっとよい所があればそこに動くことも不可能ではない。過酷な税から逃れて、あるいはうちつづく戦乱から逃れて新天地を求めて移動する「難民」も、実際のところ少なくなかったであろうと思われる。

だから耕作者を土地に縛りつけておくには何か精神的な縛りがぜひとも必要である。この土地を離れられないとの想いを植えつける必要がどうしてもあった。私は、宗教がその大きな役割をになったのではないかと思う。とくに仏教の果たした役割は、中世以後ずいぶん大きかったであろう。

日本に仏教が伝わったのは六世紀中ごろのことである。そのころの日本列島では、権益の拡大をねらって権力者たちが力と陰謀の限りを尽くした闘いを繰り広げていた。そこに渡来した仏教は格好の政争の道具にされた。偶然に発生した疫病や天変地異などは他者を攻撃したりされたりする口実でもあった。その中で仏教が生き残ったのは、たまたまそれをとり込んだ実力者の一団が「勝ち組」だったからに他ならない。つまり仏教はその渡来のはじめの時期から国家や権力者の意向を受けていたということができる。

渡辺照宏さん（『日本の仏教』岩波新書、一九九三年）によると、日本の仏教の特徴は五つにまとめられる。そのうちのひとつが死者儀礼の場、つまり死者を弔い葬る場を提供したことにあるという。今では「寺」は葬儀の場であるとともに菩提《ぼだい》所でもあり、土地への執着のよりどころとするイメージが強いが、渡辺さんによると鎌倉時代以前の庶民にはそのような意識は希薄であった。日本列島には縄文時代から各地に土着の原始宗教のようなものがあったようで、人びとは特殊な場所を聖なる地とし、そこにストーンサークルや特殊な施設を置いて死者をまつっていたらしい。その意味では日本人の土地に対する執着、いわゆる土着性は相当に古い歴史をもつことになるが、大昔の土着性は国家などによる管理の意図を受けたものではなかった。土地への執着はいわば愛着であり自然発生的なものであった。

ところが近世以降、土地に対する執着の中身が変わってくる。江戸時代に入ると、戸籍にあたる過去帖《かこちょう》は寺に置かれ、人はみなどこかの寺をその菩提所と定めることになった。つまり人の一生や土地に対する執着心までが、国家の意図を受けた寺という機関に管理されるようになったのである。

儒教の思想もこれに追い討ちをかけるものであった。土地は、「家」という、儒教が説く社会の基礎単位に属するものになった。このことで個人が家に帰属し、家が代々土地を所有するという今の土地所有の基礎ができあがった。このように書くと現代の法では土地は個人に帰属するようになっているといわれるかもしれない。たしかに法律の条文はそうかもしれないが、社会の慣例が必ずしもそうなっているとは思われない。いまでも少なくない日本人が、「先祖伝来の田畑《でんぱた》を守る」という語を、意味をもって使っている。「たわけ」という語は、いまでこそ死語ではあるが、それはもともとは親譲りの土地を小さく分割して子に分け与える行為を指したものである。土地が、「家督」をついだ者にのみ相続されるやり方は、いまでも地方に行けば色濃く残されている。「嫁」の語はもっとひどい。結婚が家と家の結びつきであるという旧憲法の制度が廃止されて半世紀以上の時間が経つ今も、「嫁」の語とその内実はまだ残されている。

近世初頭になってようやく現在のかたちの基礎ができた水田稲作。それがここに辿りつくまでにはなんと二〇〇〇年もの時間を要したのである。こんなにも長い時間を要したのはもちろん「抵抗勢力」があったからだが、抵抗勢力の影響を排除して水田稲作が広まったのは、いままでみてきたような各時代の支配者のたゆまぬ意図があったからである。支配者たちは、さまざまなしかけをつくってその意図を完結しようとした。しかけのなかには、溜池《ためいけ》、水路のようなハードウェアから、「家の思想」、「農書」といったソフトウェアに属するものまでさまざまなものが用意された。こうしたしかけが、良い悪い、好き嫌いは別として、大昔から日本にあったものであるかのような印象を私たちはもっている。しかし、それは正しくない。大昔から日本列島にあったと考えてきたイネと稲作の要素の少なくない部分が近世以後のものなのだということを、わたしは声を大にしていっておきたいのである。

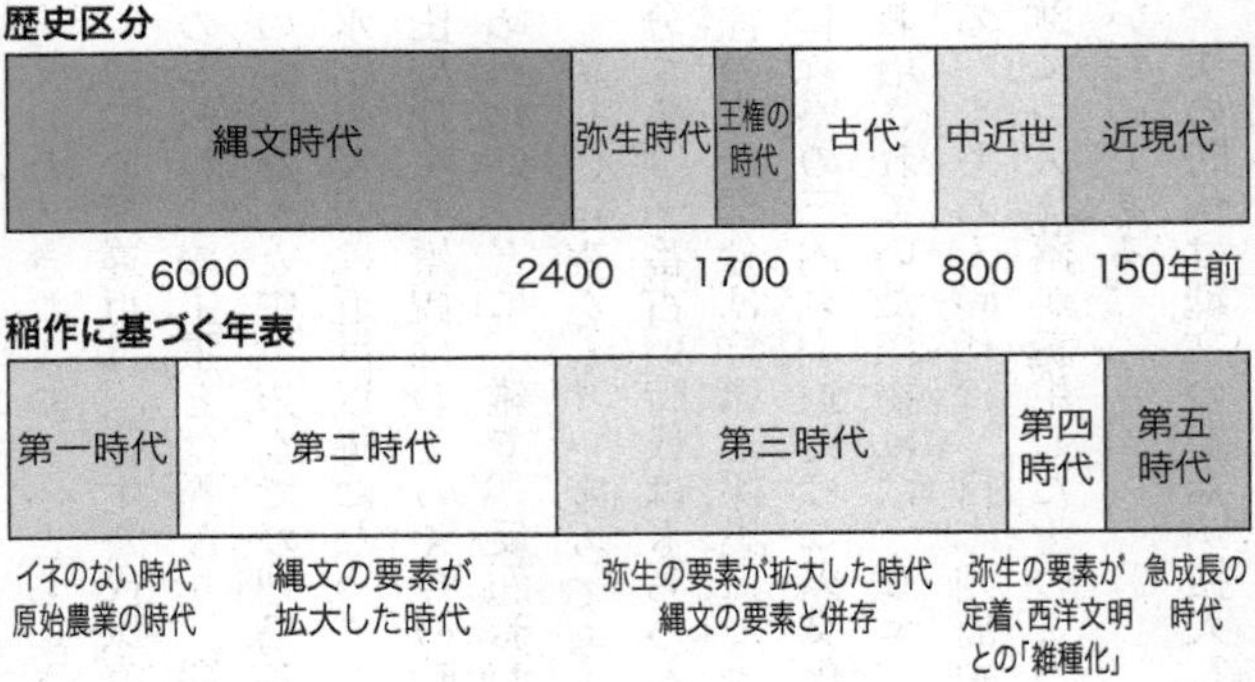

イネと稲作の年表

イネと稲作の年表

これまでに書いたことがらをもとに、イネに基づく年表を新しく書きなおしてみよう。新年表は上に掲げてある。旧来の年表と比べて明らかに違っている点は以下の二点である。

まず縄文時代と弥生時代をわける仕切りがほとんどなくなった点である。従来の歴史観によれば縄文時代は基本的には狩りと採集の時代であり、稲作はおろか農耕の要素はほとんどなかったと考えられてきた。最近では縄文時代における農耕の要素、いわゆる縄文農耕の存在を認める考古学者も少しずつ増えてきているが、それでも弥生時代との間におおきな断点をおいて考えるのがごく一般的である。しかし本書に展開してきたように、イネと稲作の断絶は今まで考えられてきたよりずっとちいさい。

第二の相違点は、弥生時代以降の水稲と水田稲作のひろまりの捉え方にある。従来のおおかたの主張とは異なり、縄文の要素である熱帯ジャポニカと休耕田だらけの田の姿はなんと中世末までの列島各地で支配的で、今私たちが目の当たりにするイネや水田の景観は近世以降になってやっと登場したものである。弥生時代に始まった「水田稲作」の景観はおそらく今の時代にすむ私たちの常識からはおよそ「水田」とは認めがたいほどに、雑で、反面おおらかなものであった。

新しい年表をもう一度みてみよう。「稲の日本史」は歴史を大きく五つの時代に区分する。一番古い時代はもちろんイネのなかった時代である。この時代には、生活の糧《かて》の主な部分は狩猟と採集によっていたが、部分的には原始的な農業も行われていた。青森県の三内丸山《さんないまるやま》遺跡はこの文化期の典型的な遺跡のひとつといってよいであろう。栽培されていた植物には、ヒエ、クリ、ヒョウタン、アカザ、ゴボウなどが挙げられる。もちろん時代は、日本列島中を同じスピードで進んだわけではない。三内丸山遺跡に巨大集落が誕生したそのころ、西日本各地ではイネの栽培がほそぼそと始まっていたのである。

次の時代は縄文の要素が拡大した時代である。この時代が始まるのは、今までの発掘成果によれば西日本では六〇〇〇年ほど前（縄文時代の前期から中期ごろ）、東北日本ではずっと遅れて三〇〇〇年ほど前（縄文時代の後期ころ）と、大きな開きが見られる。この時代、イネと稲作は、列島の南西部では相当の広がりを見せ、食料生産の柱のひとつになっていた可能性が高い。もっとも現代とは大きく異なり、「米が主食」というような状態ではなかった。そしてこの時代が終わるのは、北海道、南九州と南西諸島を除く列島全体を通して、二五〇〇年ないし二七〇〇年ほど前（縄文時代の晩期ころ）のことである。

第三の時代は大陸から水田稲作の技術が持ち込まれた時期（縄文時代晩期ころ）に始まった。この時代は列島のほぼ全体で中世の終わりころまで続く。この時代は縄文の要素と弥生の要素がせめぎあった時代で、弥生の要素は約一五〇〇年かかって北海道の大半を除く日本列島のほぼ全体にゆきわたる。そして第四の時代が、水田稲作が定着した時代。近世から近代初期までがこの時代に含まれる。第五の時代が近代から現代に至る時代で、稲作もまた西洋の近代化の洗礼をまともに受けた。この時代は、言葉を換えれば弥生の要素と西洋文明のハイブリッドの時代でもあった。

二一世紀初頭は、これに続く第六の時代の幕開けの時期なのかもしれない。この第六の時代はどんな時代になるのであろうか。

第四章　イネと日本人——終　章

弥生の要素からの呪縛

反収向上

第五の時代（近代）にはいってから急速に上がりつづけた反収。その値は、第三時代から第四時代までの二〇〇〇年間の水準（一六〇～一九〇キロ）から、わずか一〇〇年余りの後におよそ三倍の五一八キロに達した。この上がり方はまさに奇跡である。反収が奇跡的な上がり方をしてきたのはそれなりのわけがある。まず、化学肥料などの開発があげられる。常畑化は地力を低下させるが、それを防いだのが魚カス、堆肥などの有機肥料の発明であった。さらに化学肥料が普及してからは、窒素成分は文字通りいくらでも投入できるようになった。「地力の低下」は致命的な要素ではなくなった。

窒素が充分に供給できるようになると、今度は品種の改良が反収を引き上げた。窒素肥料が多いと、草丈が高いイネは倒れて収量が下がる。そこで草丈の低い穂数型品種が育成された。また、病気や害虫に強い品種も育成された。こうした品種改良を支えたのはメンデルの法則に基づく遺伝学の知識である。品種改良の成功は「近代化」の産物だったことになる。

品種の改良とともに反収を押し上げたのが栽培技術の改良である。一部の熱心な農家や試験場の先進的な経験は、改良普及所などを通じて全農家に伝えられた。こうして技術の底上げが図られ、平均収量はぐんぐん上がっていった。それとともに、害虫や病気、雑草を駆除する農薬の普及が反収を押し上げた。化学肥料を多用すると、病害虫や雑草が増える。潤沢な窒素分は、イネだけではなく雑草の成長も促進する。また肥料を吸って体が柔らかくなったイネは病気や害虫に弱くなる。第五時代にあっては、農薬使用は反収をあげるために必須のことであった。

水田稲作のこころ

かつて田は、葉の色や背丈が隅から隅まで揃い、遠目には緑の絨緞《じゅうたん》のようにみえた。田には一本の草もなかった。一本でもヒエを生やした田の持ち主は堕農とまでいわれ蔑《さげす》まれた。田植え機が作る畝《うね》が少しでも曲がっていると「根性が曲がっているからだ」などと冗談半分にいわれたものだった。だからどの農家も、条がまっすぐになるように細心の注意を払った。一本のヒエも許さないこと、田を緑の絨緞のように管理しておくこと、それは文字通り弥生《やよい》の要素がもつ論理であった。

一株のヒエ、畝の曲がりが生産に大きな影響を及ぼすわけではない。一本のヒエをも許さないこと、畝をまっすぐにしておくこと自体に意味があった。それは農民の心を映す鏡だったからである。それは、農民の心を試す「踏み絵」のようなもので、元はといえば、支配者たちが人びとを「農民」として土地に縛りつけておくために尽くしたてだての精神的産物ではある。一方土地に縛りつけられた農民にとって、生態系とのせめぎ合いに勝つしか、そこで生きてゆく道はない。彼らが這《は》いつくばるようにして草をとったのは、それ以外、遷移《せんい》という大自然の力に勝つ術《すべ》がなかったからである。

だから一九六九年、休耕が政策決定されたとき、農民たちは、「米を作るなという政策は日本史上初めての愚策」とその怒りを露《あら》わにした。まじめに耕し心を込めてイネを作ってきた農民ほどその怒りは強かった。弥生の要素の中で育ち、土地への執着、勤勉、右上がり志向をたたき込まれてきた農民たちには、休耕は文字通り人生観、世界観の否定とみえた。彼らが心配したのは、単に米を作らず何を作るかという経営上のことではなく、休耕した後の田で土が再びそのいのちを復活するかどうかということであった。先祖代々の血と涙と汗が凝集された田が、自分の代で野にかえってしまったとあっては、ご先祖にあわせる顔がない。彼らの心は、土地と一体化していたのである。

若い頃助手として在籍していた大学で、私は農場の技官の方々からしょっちゅうお小言を頂戴した。研究用に農場で借りた田の雑草についてである。

「先生、ヒエはこまめに抜いて下さい。もし種《たね》がこぼれたら、来年はひどいことになりますきに」

というのであった。言葉づかいは丁寧ではあったが、その言葉にはヒエを生やすことは許さない、という強い意思が込められていた。今年はたった一本にすぎないヒエも、田んぼで花を咲かせ種子を残すと、翌年には何百という個体になる。それらの仮に一割が発芽するだけで、翌年田には一〇〇本近いヒエが現れることになる。しかも種子は休眠し、その後一〇年以上にわたって土中に残り、次々と発芽してくる。雑草というよりは「害草」とでもいいたくなるほど、水田のヒエは嫌われものである。

先祖たちが汗水たらして土を作り、這い回るようにして雑草を抜き続けた田を何年もの間放置して草だらけにするなど、考えられもしないことであった。私も、——技官の方々の意にそえるほど熱心に草はとらなかったが——少しはそのこころが理解できた。

休耕田は、大都市やその郊外の農業を営まない人たちの間でも評判がよくない。休耕田が生じた時、都市や郊外に住む都市住民からはこういう文句が出た。

「見かけが悪いだけでなく、見とおしも悪くなって犯罪の巣になりそうだ」

「虫が増えて衛生上よくない」

「アレルギーのもとになる草は早く抜いてもらいたい」

日本の都市住民もその多くが「弥生の論理」で育った農民の子孫たちである。その心の中にはまだ、この弥生の論理が生きているのかもしれない。

呪縛からの解放

進む米離れ

学校でも、職場でも、地域でも、そして家庭でも、私たちはコメの尊さを教えられてきた。うどんの切れ端がどんぶりの底に二、三本残っていても叱られることはあまりなかったが、茶碗に残ったご飯粒はたとえ一粒でもうるさく言われたものである。

それによって私たちは米が何か特別なものと思うように教育を受けた。これが第四、五時代における米に対するマナーであった。

「貧乏人は麦を食え」といってひんしゅくを買った首相がかっていた。しかし国の政策は第二次世界大戦後すぐから日本人の米離れを促進してきたふしがある。パン食が美化され、それにあわせるかのように学校給食もパン食のみでスタートした。政策が功を奏したかどうか、とにかく日本人の米離れは確実に進んだ。成人男子一人の年間の米消費量を基に決めたとされる単位である石《こく》は約一五〇キロ。一食あたりに直すと一三〇グラムほど。一合（一五〇グラム）に少し欠ける量である。それが二〇〇一年の調査では約七二キロに減少した。単純に計算すると米の消費はこの一世紀で半減した勘定である（次頁の図）。

米が減った分、コムギ食品（うどん、パスタ、ラーメン、パン、ケーキなど）が増加した。米以上に減少したのが雑穀（アワ、キビ、ヒエなど）とイモ類であろうか。食の多様化、などというが、少なくとも摂取した炭水化物を原料ごとにまとめてみると多様化などしていない。米はじめ各種穀類がコムギに取って代わられただけのことである。現在では日本人の主食は米とコムギの二極に分化している。

米だけをとっても消費の動向に大きな変化があった。餅を食べる機会が減ったため

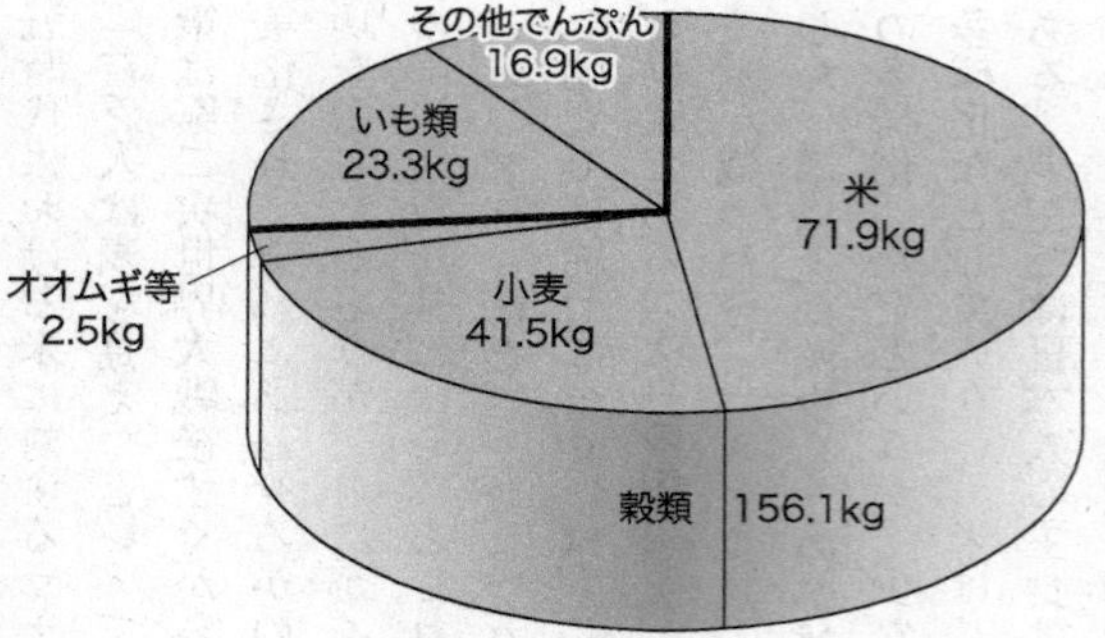

現代人の穀類の消費事情
（2001年、農林水産省による）

にモチ米の需要が落ちた。ウルチ米ではブランド化が進み、少数の特定銘柄ばかりが買い求められるようになった。栽培もそれに追随し、二〇〇一年現在、コシヒカリの栽培面積は全国で四〇パーセントに達しようとしている。米はもう、かつて「銀シャリ」といわれたころのそれとは異質なものになってしまった。「銀シャリ」、「白い米」などという語は死語と化した。

だからといって、日本人の食卓から米が消えてしまうことはない。私は大学でいくつかの学部の学生たち相手に講義するとき、いつも彼らに聞いてみる。週何回ご飯を食べるか、もっと増やしたい（あるいは減らしたい）と思っているか、などなどである。彼らの答えをまとめてみると、ここ何年間かの間毎年、週二一食中ご飯を食べる回数は八回程度、そしてできることなら日一食はご飯を食べたいというような平均像が浮かび上がってきた。彼らが日本の若者の意識や食生活を代表しているかどうかはわからないが、こうした数字からは米の消費減退はそろそろ底をうちそうな気配にあり、将来は（供給が止まらなければ）六〇キロ台を維持するのではないかと思われる。

米作りからの心離れ

米離れは生産者の側にも起きている。一九六〇年代に、「米つくり運動」という一種のコンテストが農家の間で広まった。農家がもてる技術のすべてを結集し、一反からどれほどの米がとれるかを競うものである。このコンテストで記録された最高記録は反あたり一〇六〇キロ。現在の平均（五一八キロ）の二倍に達する。おそらく今の農家が挑戦しても、これだけの値はもう出せないであろう。

これは最高値の話であるが、ここまで上がり続けてきた平均反収もまもなく平衡に達し、やがて降下をたどることが懸念される。その理由は、ひとつには今までのように農薬や化学肥料をふんだんに使えなくなるからだが、もうひとつには反収をあげようという気持ちが薄れてきているからである。米余りの世の中では反収をあげたところで誰にも感謝されない。せっかく反収をあげても、来年、「休耕」面積が増やされたのでは何もならない。米を作る世代の高齢化も問題である。気力や体力も低下してくるし、それに何より、自分や子たちの家庭が食べられるだけで十分という意識も働く。もう、国のため、社会のために米を作る必要がなくなってしまったのである。

米を作る側の「米離れ」はかなり深刻である。米を作ろうという農家が将来的にどれほど残るだろうか。つまり消費の減退よりも供給の減退のほうが大きな問題になるだろうと思われるのである。若い世代の農業離れが指摘されてずいぶんになる。その理由を若者たちが3K（きつい、きたない、危険の頭文字）を敬遠するからだと責めることはたやすい。だが今の大人世代で農業に従事する人々が3Kの代名詞のような農業への道を積極的に選んだかというとそうでもあるまい。むしろ、長男だから、家を継ぐために、という「水田稲作文化」に縛られやむなくあとを継いだケースがほとんどだったはずである。現代農家での若者の離農は、親世代自身が、もはや農業では食って行けないと自覚しているからにほかならない。今のまま行けば、米の生産はどんどん減り続け、やがてはやせほそった消費さえまかなうことができなくなる日がやってくることは目に見えている。

だが、これだけ農業が冷遇され、米離れが進んだのだ。米作り農家が多少の手抜きをしたことを誰に咎めだてできようか。それと、「ヒエ一本くらい」という考えをゆとりとは捉えられないだろうか。畝の曲がりもご愛嬌である。夫婦喧嘩でもしたかくらいに笑って済ませた方が、罪もなく、気が楽だろうと思うのである。こうしたおおらかさは縄文の要素とともに、中世までの日本には至るところに残されていたように思う。おおらかな気持ちやそれを容認する姿勢は、近世に入って縄文の要素の衰退とともに影を潜めてしまったかのように思われる。

休耕は田を荒らすか

休耕は、とにかく悪いものである。私たちの頭にはこの考えがこびりついていて離れることはない。しかしそれはそんなにも悪いのだろうか。ヒエは、そうも悪い草なのか。

生態学の立場から考えると、ヒエは水田という生態系に回復不能なまでのダメージを与えるわけではない。もしそうだとすれば、日本中の平地はどこもう、とっくにヒエだらけになってしまっていて、田としては使いものにならなくなってしまっているはずである。だが実際にはそんなことはない。現代生態学が教えるところによると、生態系には絶対的強者は存在しないのである。

ということは「ヒエだらけの状態」自身が、生態系の中でそう長くは続かないことを、暗に、しかし如実に物語っている。それに、ヒエ一本生えない「美田」はせいぜい近世以降のもので、誕生してからせいぜい四、五〇〇年しか経っていない。だから、こうした美田がむこう何百年間にわたって存在し続けられるという保証も、またない。

ここで第一章に紹介した焼畑の稲作りの様子を思い出して頂きたい。開いて三年も経った畑は草ぼうぼうの状態になり、やむなく耕作を放棄せざるを得なくなる。しかしイネにとってもっとも手ごわい競争相手であった雑草たちも、数年せずして姿を消し、やがては多年生の草本にとって代わられ、やがては森に戻ってゆくのだった。休耕をはじめてすぐならば強雑草の休眠種子はまだ土中に残っていて、そこでもし稲作を再開しようものなら彼らはたちどころに発芽して土地を草だらけにすることだろう。だが森に戻った土地は、もはや雑草の種子を残しておらず、火を入れて開きさえすればその土地はまた肥沃な田へと姿を変える。そうしてみると焼畑の耕作―休耕のシステムは、今の私たちの常畑化された水田に比べて特別原始的なわけでも遅れているわけでもない。それは二つの選択肢の片方ともう片方であるに過ぎない。

常畑の水田という縛りの中でものを考えようとするから休耕田は悪い存在になってしまうのである。「弥生の要素」の呪縛から解放されれば、休耕は悪いことでも何でもないということを言っておきたい。

水田は地球にやさしいか

悪の代名詞のようにいわれる休耕田だが、整然たる水田はそんなにもよいものなのか。水田は地球にやさしいといわれるようになって久しいが、本当のところはどうなのだろうか。

水田には並はずれた保水力があり平野部での洪水を防いだり夏の気温上昇を防ぐのに役立っている。水田に栽培される水稲には連作障害もなく、その意味では長期にわたる耕作が可能である。だから私も水田が環境の保全に大きな役割を果たしているという考えには賛成であるし、水田をなくせなどという気は毛頭ない。

だが、今の水田稲作が環境の保全に何の問題もないかと言えば決してそうではない。田に一本の草も生やさないためには除草剤を使わざるを得ない。病気や害虫が発生したときには、どうしても農薬による防除が必要な場合がある。もちろん「有機農法」、「自然農法」など、化学肥料や農薬を一切使わないでイネを作りつづける農家もあるにはあるがその努力は大変なもので、今すぐそれをあらゆる農家に広めることは現実的ではない。こうしたことを考えると、今の水田稲作も生態系に対して相当の負荷をかけていることは明らかである。

翻って考えてみると、多量の化学肥料や農薬を使う現在の稲作自身が、約七〇年前にはまったくなかったものである。こういう稲作のシステムが、遠い将来にまで続いてゆくという保証はどこにもない。農薬や化学肥料を使わないまでも、常畑化した水田で毎年イネを作りつづける水田稲作が五〇〇〇年の歴史しかもっていないことは繰返し述べてきたところで、それとて未来永劫《えいごう》に継続を約束された農法とは言いがたい。水田が、本当に地球にやさしいと言えるだけの証拠を、私たちはまだもっていないのである。大切なことはむしろ、何が環境に優しく何がそうでないかをはっきりと区別することである。たんに言葉上の響きだけで、「水田は地球に優しい」と考えているのなら、それはとんでもない勘違いなのかもしれない。

縄文の要素を復活しよう

結局のところ、私たちが感じる逼塞感《ひっそくかん》、ゆきづまり感は、その大半が弥生の要素のゆきづまりに起因している。べつに稲作そのもの、日本社会そのものがゆきづまっているわけではない。私はここで思い切って縄文の要素の復権を言いたい。

縄文の要素復権の第一歩は、多様性の復活である。いろいろな品種を植えてみよう。地域が、地域固有の品種を作って売るもよし、あるいは何品種かを混ぜて栽培してもかまわない。作る作物も、米に限ることはない。田にイネだけが存在を許される理由はない。品種や作物が多様化すれば、調理の仕方や食べ方もまた、多様化せざるを得なくなる。京都で米穀業を営む梶原慶三さんがこういわれた。「昔の米屋は、御用聞きにいって、今夜は寿司にしたいと言われればそれ用の米をブレンドして持っていったもんです。何と何をどう混ぜるかが米屋の腕でした。それが今は、何でも『魚沼産コシヒカリ』と言わはる。値段で決めておられます。それでは米屋も育たんようになる」。今は、「米と言えばコシヒカリ」と言わんばかり、コシヒカリ一辺倒である。南北二〇〇〇キロに及ぶ細長い列島の中に複数の品種があり、それぞれ特徴を競い合うというのが望ましいように思う。

多様性の復活は、日々の生活にも必要であるように思う。あまりに一元化しすぎた価値観。たとえば教育の分野なら、受験一辺倒の価値観。こうした一元的価値観は本来縄文の要素では希薄であったように思われる。教育の現場でいわれる「個性」ということばが空虚に聞こえるのも、今の社会に、「受験して大学に入る」以外の価値基準がないからである。学生たちをみていて感じることは、本人も周囲も受験にこだわりすぎ、自然に親しむとか、木や草の名前を覚えるとか、幼少のころの遊びの中で身についたはずの知識をもっていないことである。幼児教育などがもてはやされた世代の人たちが知識をもたないというのも皮肉な話だが、社会全体の風潮がそうなのである。

森の恵み

次に復権させたいのが森の恵みである。春になれば桜葉にモチ米を巻いて桜餅を作ってみよう。おにぎりは竹の皮につつんでゆくのもまた楽しい。かつて日本には、森に生える木々ひとつひとつにその用途があった。若いころを下北地方で過ごし今は青森市の稽古館（民俗博物館）の館長であった田中忠三郎さんによれば、「森は下北のデパート」であるという。山に入れば、この木は薬となり、そのつるは紐の代わりをなし、というふうであったという。当然飢饉のときにも飢えることはなく、中には飢饉の年のほうがよく取れる食料資源もあったという。森といえば水、また森を育てることは魚場を育てること、という、森と水、森と水産資源の関係が取りざたされるが、森はもっと身近なところでも、生活と密着していたのである。森とのかかわりをもう一度取り戻したい。

森とかかわるということは、人の感性の基となる五感を育てるということでもある。というのも、少なくとも日本人にとって、その感性は森のさまざまな生き物たちとの接触によってみがかれ育まれてきたと思われるからである。

むろん、縄文の要素の復活は、生産性を下げるかもしれない。それはしかたのないことである。世の中は、常に右上がりできたのではない。ヒト自身をとってみても、今と昔でそう大きな違いはない。とくに心の部分についていうなら、縄文時代から現代に至るまでの間にヒトの心が進歩したかといえば、それはおおいに疑問である。むろん私も、過去の時代をばら色に描き出すつもりはない。中世末の混乱期には戦乱が打ち続き、社会は大きく乱れた。疫病の流行は村ひとつを一瞬にして滅ぼすこともあった。しかし人びとが心まで貧しい生活を送っていたとも思われない。

ある縄文遺跡から、一部に生活反応のある損傷をもった人骨が出土した。三内丸山遺跡の発掘担当者であった岡田康博さんは、その骨を見て言っている。「縄文人はある意味で現代人より心優しかった。障害者となった手負いの仲間をしばらく介抱し続けたのですから」と。萬葉集に詠まれた防人《さきもり》たちの心、防人となって出征した男を待ち続ける女の心は、現代の私たちに比べて劣っているといえるだろうか。ケータイはおろか郵便さえない不便さに耐え、それでも想い続けることが現代の私たちにはできるだろうか。縄文の要素の復活は、昔に返ることと同じではないのである。

おわりに

私たちは歴史は進歩するものと思っている。イネの収穫は増え続け、社会は発展した。生活は向上し、人間の心は豊かになった。右上がりの歴史観、とでも呼ぼうか。右上がりの歴史観にとらわれることの弊害は二つある。ひとつは過去をいつも遅れたもの、劣ったものと考えることである。こういう考えでは、いくら「温故知新」などといってみたところで、実際に過去から何かを学ぶことなどとうてい不可能である。

世の中が「進んでいる」うちはまだいい。しかし今のように世の中が逼塞《ひっそく》し、経済は停滞し、人口までが減少基調に入る時代にはそれだけでは済まなくなってくる。きのうより向上しないことにあせりを感じ、なんとかしようと悪あがきをくりかえす。こうなると、右上がりの歴史観は罪であるとさえいえる。

右上がり歴史観を支えてきた「弥生《やよい》の要素」。むろんそれが果たした役割はきわめて大きいが、イネや稲作の歴史には、もうひとつ「縄文の要素」が隠されている。それが行き詰まった二一世紀の稲作やひいては社会を救う救世主になることを期待して、私は本書を書いた。

なお、本書を書いている間に、多くの先輩、友人の方々のお世話になった。これらの方々の分野は多岐にわたり、もとより不勉強な私には想像はできても厳密に考えることなど到底できなかった。ご教示をいただいたこれら先輩、友人諸氏に心からお礼を申し上げたい。多くの方々についてはそのお名前をご紹介できなかったが、非礼は伏してお詫びしたいと思う。また本書の企画の段階から校了までの間、角川書店編集部の山根隆徳さんにお世話になった。この場を借りてお礼を申し上げたい。

二〇〇二年四月

クスの新緑の下で　佐藤洋一郎

本書は平成十四年に角川選書として刊行されました。

稲《いね》の日本史《にほんし》

佐藤洋一郎《さとうよういちろう》

平成30年 3月25日　初版発行
令和7年 6月25日　8版発行

発行者●山下直久

発行●株式会社KADOKAWA
〒102-8177　東京都千代田区富士見2-13-3
電話　0570-002-301（ナビダイヤル）

角川文庫 20854

印刷所●株式会社KADOKAWA
製本所●株式会社KADOKAWA

表紙画●和田三造

●お問い合わせ
https://www.kadokawa.co.jp/（「お問い合わせ」へお進みください）
※内容によっては、お答えできない場合があります。
※サポートは日本国内のみとさせていただきます。
※Japanese text only

ISBN978-4-04-400392-0　C0121

角川文庫発刊に際して

角　川　源　義

第二次世界大戦の敗北は、軍事力の敗北であった以上に、私たちの若い文化力の敗退であった。私たちの文化が戦争に対して如何に無力であり、単なるあだ花に過ぎなかったかを、私たちは身を以て体験し痛感した。西洋近代文化の摂取にとって、明治以後八十年の歳月は決して短かすぎたとは言えない。にもかかわらず、近代文化の伝統を確立し、自由な批判と柔軟な良識に富む文化層として自らを形成することに私たちは失敗して来た。そしてこれは、各層への文化の普及滲透を任務とする出版人の責任でもあった。

一九四五年以来、私たちは再び振出しに戻り、第一歩から踏み出すことを余儀なくされた。これは大きな不幸ではあるが、反面、これまでの混沌・未熟・歪曲の中にあった我が国の文化に秩序と確たる基礎を齎らすためには絶好の機会でもある。角川書店は、このような祖国の文化的危機にあたり、微力をも顧みず再建の礎石たるべき抱負と決意とをもって出発したが、ここに創立以来の念願を果すべく角川文庫を発刊する。これまで刊行されたあらゆる全集叢書文庫類の長所と短所とを検討し、古今東西の不朽の典籍を、良心的編集のもとに、廉価に、そして書架にふさわしい美本として、多くのひとびとに提供しようとする。しかし私たちは徒らに百科全書的な知識のジレッタントを作ることを目的とせず、あくまで祖国の文化に秩序と再建への道を示し、この文庫を角川書店の栄ある事業として、今後永久に継続発展せしめ、学芸と教養との殿堂として大成せんことを期したい。多くの読書子の愛情ある忠言と支持とによって、この希望と抱負とを完遂せしめられんことを願う。

一九四九年五月三日

角川ソフィア文庫ベストセラー

八幡神とはなにか　飯沼賢司

辺境の名も知れぬ神であった八幡神は、なぜ神と仏をつなぐ最高神となったのか。道鏡事件、承平・天慶の乱ほか、その誕生と発展の足どりを辿り、神仏習合の形成という視点から謎多き実像に迫る新八幡神論！

百姓の力　江戸時代から見える日本　渡辺尚志

村はどのように形成され、百姓たちはどんな生活を送っていたのか。小農・豪農・村・地域社会に焦点をあて、歴史や役割、百姓たちの実生活を解説。武士から語られることの多い江戸時代を村社会から見つめ直す。

しきたりの日本文化　神崎宣武

喪中とはいつまでをいうのか。時代や社会の変化につれて、もとの意味や意義が薄れたり、変容してきた日本のしきたり。「私」「家」「共」「生」「死」という観点から、しきたりを日本文化として民俗学的に読み解く。

地名でわかるオモシロ日本史　武光誠

「岐阜」と命名した歴史上の人物は誰か？「御免」「一色」の意味は？　庄や館がつく地名は何を表す？様々な地名に秘められた歴史の謎を、由来や分布から読み解き、目からウロコの意外な事実を明らかにする。

七十二候で楽しむ日本の暮らし　広田千悦子

「虹始めて見る」「寒蟬鳴く」「菜虫蝶と化る」など、七十二に分かれた歳時記によせて、伝統行事や季節の食べ物、植物、二十四節気の俳句や祭りなどを紹介。オールカラーのイラストでわかりやすい手引き。